微型盆栽艺术

沈荫椿——著

浙江人民美术出版社

目 录

盆栽艺术浅谈

　　盆栽艺术，是我国独特的一门园林艺术。其历史悠久，可追溯到一千八九百年前的东汉。河北望都东汉墓壁画中有一具长着六枝红花的圆盆，盆口有卷沿，和今天种花用的瓦盆已无大异，盆下还有方形架座，充分说明是作为观赏用的，可以说是中国盆栽艺术的雏形。

　　唐朝以来，文化艺术渐趋繁荣，由于封建统治阶层的耽于享乐，士大夫阶级知识分子的闲情逸致，于是大肆修造园林，挖池掇山，搜集奇花异木，点缀亭、台、轩、榭。可是郁郁苍苍的参天大树和四时八节的鲜艳花卉，毕竟只适于露天栽植，只能以简单花草盆栽陈设其间。为了尽情饱赏生态自然之美，人们将其中的佼佼者移植于盆钵之中，构成高不盈尺的盆栽，用以布置厅堂走廊，或陈设于明窗净几之上。《吴风录》中就有这样的记叙："至今吴中富豪竞以湖石筑峙奇峰阴洞……凿峭嵌空为绝妙……下户亦饰小小盆岛为玩。"冯贽在《记事珠》中也说："王维以黄瓷斗贮兰蕙，养以绮石，累年弥盛。"唐代钱众仰咏《盆栽》中更以五言古诗相赞："爱此凌霄干，移来独占春。贞心初得地，劲节始伊人。晚翠烟方落，当轩色转新。枝低无宿羽，叶净不留尘。每与芝兰静，常惭雨露匀。幸因逢顾盼，生植及兹辰。”1972年在陕西乾陵发掘出土的唐代章怀太子墓甬道壁画上，有两个手持盆栽的仕女，一个双手托置黄色浅盆，里面有三五块小石，石上附生两株小树（图1）；另一个手持莲瓣形盘盂，盘中小树上还结了红绿两色的果实。这些古籍记载和发掘的文物，都说明我国的盆栽艺术，早在一千多年前的唐代，就曾极一时之盛。

到了宋朝，盆栽艺术的形式和内容又有了进一步发展。如苏轼、苏辙亦曾为盆植菖蒲忽开九花而大发诗兴。宋孝宗赵昚就曾用瓦盆养植荷花。诗人陆游曾作《菖蒲》诗：

雁山菖蒲昆山石，陈叟持来慰幽寂。

寸根蹙密九节瘦，一拳突兀千金直。

清泉碧缶相发挥，高僧野人动颜色。

盆山苍然日在眼，此物一来俱扫迹。

根蟠叶茂看愈好，向来恨不相从早。

所嗟我亦饱风霜，养气无功日衰槁。

足证宋代玩植菖蒲之盛，且多用石盆栽植。王十朋在《岩松记》中曾说：“友人以岩松至梅溪者，异质丛生，根

图1　唐代章怀太子墓壁画

衔拳石，茂焉非枯，森焉非乔，柏叶松身，气象耸焉，藏参天复地之意于盈握间，亦草木之英奇者。予颇爱之，植以瓦盘，置之小室……"现台北故宫博物院收藏的宋人绘画《十八学士图》四轴中，有两轴绘有苍劲古朴、老干虬枝、悬根出土的盆桩。当时诸多名人画册中，亦常有松、柏、梅、兰、菊、竹的盆栽出现，可以看出当时盆栽艺术已具有较高的造诣。

及至元朝，这些盆栽的模式已经不再使人感到满足，开始要求创新，以更加集中的形式，概括地将大自然美妙景色精缩簇集在小小盆域之内，尽情玩赏。如刘銮的《五石瓠》中写道："今人以盆盎间树石为玩，长者屈而短之，大者削而约之，或肤寸而结实，或咫尺而畜虫鱼，概称盆景……"元代高僧韫上人布置盆中景物时，主张取法自然气息，称为"些子景"。这就从唐、宋的盆栽演进为元代的盆景滥觞。

降及明代，盆景转而考究格式，专著相继问世。如万历年间屠隆所作《考槃余事》中谈及"盆景以几案可置者为佳。最古雅者，如天目之松，高可盈尺，本大如臂，针毛短簇；结对双本者，似入松林深处，令人六月忘暑。如闽中石梅，乃天生奇质，从石本发枝，且自露其根。如水竹，亦产闽中，高五六寸许，极则盈尺，细叶萧疏可人；盆植数竿，便生渭川之想。此三友者，盆景之高品也"。另如天启年间文震亨所作《长物志》中有《盆玩》一节，谈及"盆玩时尚以列几案者为第一，列庭榭中者次之。余持论则反之，最古者自以天目松为第一，高不过二尺，短不过尺许，其本如臂，其针若簇，结为马远之欹斜结曲，郭熙之露顶张拳，刘松年之偃亚层叠，盛子昭之拖曳轩翥等状，栽以佳器，槎丫可观"，"又有古梅，苍鲜鳞皴，苔须垂满，含花吐叶，历久不败者，亦古。又有枸杞及水冬青、野榆、桧、柏之属，根若龙蛇，不露束缚锯截痕者，俱高品也"。这些叙述，既涉及许多品种，又列述了宋代画坛名家各流派擅长之笔法，为尔后盆景造型艺术作了提示，更首创了划分大小盆景的规范。

　　至清初，种植盆栽、盆景风气更盛，论述盆景的著作更似雨后春笋纷纷问世。如陈淏子著《花镜》中卷二《课花十八法》，其中"种植位置法""种盆取景法""整顿删科法"等，对制作盆景的取材、方位经营、养护之法都作了详细介绍，至今仍可借鉴。又如词人龚翔麟《小重山》云："三尺宣州白狭盆。吴人偏不把，种兰荪。钗松拳石叠成村。茶烟里，浑似冷云昏。丘壑望中存。依然溪曲折，护柴门。秋霖长为洗苔痕。丹青叟，见也定销魂。"从这阕词中看，盆栽小松，辅以丘壑灵石，经营得当，极富诗情画意，令人神游其间。可见当时之盆景艺术，已达到讲究意境的程度。光绪年间，苏州玩植盆栽、盆景之风益盛，且屡有精湛古桩盆栽作出。如胡焕章常挖取山中老梅树，截取根部老桩，移作盆栽，树身加以刻凿雕琢，构成树肤残缺、皱皮驳落，或呈悬瘿累节，或促使木质凹凸纵裂，形成枯朽之状，然而却是虽老而不死，再蓄上稀疏长短数枝，错落其间，极饶苍古之趣。这在造型艺术手法上确实又深化了一步。但随着封建社会的没落，清末以始，战事连年、生活颠簸，盆栽、盆景事业亦随之萧条暗淡，日趋衰落。

东邻日本，吸收我国文化、艺术既多且早。花卉园艺中的地生兰，多传说系秦始皇为求长生不老灵丹，派遣徐福东渡时所带去。至于盆栽，则于元代由日本使节、商人，以及来中国之留学生所传去。明末，遗臣朱舜水不甘臣服清统治者，流寓日本，又将更多汉学文化和盆栽艺术传给日本人民，历经发扬光大，成为别树一派的盆栽。至今，日本仍沿用汉语"盆栽"的称呼，且在盆栽典籍中常引用我国《芥子园画谱》中各项画理和笔法，作为盆栽制作和造型的范本。第二次世界大战后，又经日本传往欧、美、非、澳诸洲，统以盆栽（音译"Bonsai"）之名。在美国夏威夷等地设有盆栽协会，华盛顿还建立了盆栽园；在一些大学农科中，盆栽艺术常被作为一门正式课程。

我国的盆景艺术，婀娜多姿、仪态万方，它的足迹不仅遍及世界各个国家和地区，"Bonsai"这个称呼也深入国际朋友的交往中和人们家庭生活的各个角落。近年来，我国的盆景艺术在欧美各地展出中，受到很多的好评和赞誉，更显示出了这项艺术的青春活力。

盆栽艺术是以花、草、树、石经过刻意加工而制成的。制作时，在盆盎之内构成多姿多态的造型，令其具有刚柔相济、神韵兼备的神态，含蓄的艺术意境，把大自然的风貌缩龙成寸，成为咫尺天涯、妙趣横生的艺术品。

艺术盆栽可分为大型、中型、小型、微型（一掌之中可放数盆之多，盆树虽小但仍曲折俯仰，宛然巨株）。近年更创出一种超微型的指上盆栽，娇小玲珑，令人惊叹！

盆栽的形式，大体可分为以下几种。

直干式：树干挺拔直立或稍微屈曲。左右分生横出侧枝，层次分明，有巨木参天、巍然屹立之感。这种形式，有以单干、双干或数干作出（图2）。

图2 直干式

斜干式：主干或左或右倾斜一侧，树冠形成虬枝横空气势。亦可独株或双干作出（图3）。

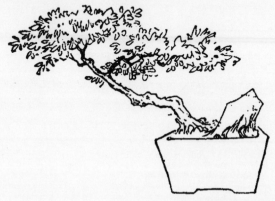

图3 斜干式

悬崖式：树干自根茎处呈大幅度弯曲，成倒挂下垂形式，好似倾泻而下的瀑布，称全悬崖式（图5）；如主干下垂幅度不大，主枝枝梢呈斜垂出盆面，则称半悬崖式（图4）。

图4 半悬崖式

图5　全悬崖式

蟠干式:
亦称曲干式。主
干左右弯曲，形
若游龙（图6）。

图6　蟠干式

卧干式：靠
近根茎处主干部
分平卧盆面，而
后又向上生长
（图7）。

图7 卧干式

图8 一本多干式

一本多干式：一干上丛生多干，高低参差，分枝疏横竖
斜，虬枝四出（图8）。

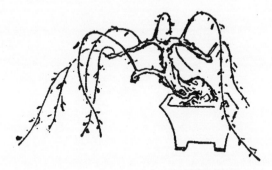

图9　垂枝式

垂枝式：主干直立或稍有弯曲，分枝下垂，如自然垂枝的垂枝桃、梅等，更富艺趣（图9）。

连根式：干本平卧盆面，丛生出多枝，悬根露爪（图10）。

图10　连根式

枯干式：干本树肤斑驳，裸露出洞穿蚀空的木质部，裸根四张，极富苍古之气。俗称为枯峰（图11）。

图11 枯干式

图12 附石式

附石式：以树木种植在石隙间或枝干盘曲伸展洞隙间，或根系虬结块石而生（图12）。

图13 水栽式

水栽式：适用于水栽植物，如姬芦苇、水横枝等。又有一些耐水性植物，可把它们水培或浅植湿沙泥中，例如把石菖蒲包在卷索状棕皮中，放在浅水盆中养殖。将丝兰根系座在浅水或湿沙盆盂中（图13）。

丛林式：多株丛植于一盆，宛若原野、山间丛生茂林（图14）。

图14 丛林式

图15 露根式

露根式：在逐年翻盆种植时，将根系提放在盆面，并使其裸露在外。由于根系盘曲多姿，衬托出整株的形态美观（图15）。

　　随着上述各种形式的出现，在处理造型过程中，各地又形成各种不同的风格流派。例如南方诸省，尤以广东为主的"岭南派"，采用师法画理的自然形整姿，把树干弯曲造型，分枝和树冠都呈自然生态形式。此外，江苏一带的"两弯半"、四川的蚓曲式、安徽的滚龙式、北方的三曲式、两湖之平托式等都各有千秋，别具特色。又有把枝丛攀扎成型的"扎片"，如"一寸三弯""六台、三托、一顶"等。这些传统"扎片"和近代时兴的"蓄枝截干"造型艺术，同样受到欣赏者的喜爱。由于相互影响，形成了新的风貌，题材和意境都超出了古代的规范，受到国内外人们的赞赏。

　　这些在小小微域内，表达出万般意境，令人神往心醉的艺术盆栽，是由我国劳动人民经过千百年的长期实践，积累了丰富的经验创造出来的。这些被誉为"无声的诗，立体的画"的艺术形象，表现了中国人民在园林艺术上的独特智慧和才能。所以，盆栽艺术不愧为我国传统园林艺术的瑰宝。

掌上盆栽

　　掌上盆栽（即微型盆栽，它的盆钵不超过手掌范围），是小型盆栽中的另一支流，为当今国际上盛行的盆栽流派之一。据考证，它始于我国唐代。1927年在陕西乾陵发掘出土的唐代章怀太子墓的甬道壁画上，有两个仕女手持盆栽，这就是我国古代掌上盆栽的雏形。

　　掌上盆栽经过近几年来的创新，又发展为精细入微、几至极限的指上盆栽。由于它的体积微小，造型夸张，线条简练，又充分体现了艺术盆栽的美，点缀室内，更富诗情画意，极具风趣，很适合在窗沿、阳台角隅玩植。这类小盆栽，由于盆域入微，其造型和栽培管理就与他类盆栽略有不同，应选择生命力强、容易驯化成为矮干和盘曲多姿的植物。还应注意选叶小、萌芽力强和耐阴的品种。

　　掌上盆栽的植株，总的可分为树木和草物、藤蔓两大类。

（一）树木

　　可分四季常青的松柏类和杂木类。除观赏其干材、枝叶和应时盛花外，尤可在秋深落叶后欣赏其苍干虬枝的寒姿。

1.松柏类

如黑松、白皮松、五针松、锦松、杜松、罗汉松、真柏、鸡冠柏等。

2.杂木类（有常绿和落叶之分）

观叶：除常绿性品种以外，还有专供观赏其叶色变化的品种，例如终年红枫、春秋二头红枫、红叶李、紫叶刺檗以及绿叶上镶嵌乳白、淡黄色斑纹杂晕其间的斑叶枫、花叶竹、琴系南天、金边瑞香、朝鲜栀子、黄金水蜡和秋深时叶色转黄的银杏和丝缕状叶丛的柽柳等。

观花：有杜鹃、山茶、福建茶、六月雪、花梅、花桃、樱花、海棠、紫薇、紫荆、栀子、姬丁香、榆叶梅、郁李、木桃、金雀、迎春等。

观果：有果石榴、姬林檎、山柿、实成银杏、寿星桃、木桃、橘、金橘、金枣、冬珊瑚、山楂、胡颓子、火棘、天竹、枸杞等。

（二）草物、藤蔓和水培植物

1.草物　以宿根性为主，如菖蒲、姬鸢尾、半支莲、吉祥草、万年青、九龙根、兰花、菊花等。

2.藤蔓　如凌霄、金银藤、一岁藤、络石、常春藤、檗荔、爬山虎等。

3.水培植物　如碗莲、姬睡莲、小芦苇、丝兰、菖蒲、水仙等。

小桩的来源很多：

1.为了快速成型，可于山林田野间挖取屡经自然侵蚀和人工樵割、摧残成矮干虬枝的中小树桩。挖掘时间，一般多在深秋或初冬，及至翌春萌芽前。

2.觅取某一树桩上具有多姿多态的老干和小枝进行高压（即套管繁殖），大多在3月上、中旬或黄梅季节进行。

3.利用植株容易扦插成活的特性，在适合其习性的季节进行扦插繁殖。

4.收集成熟种子，播种繁殖。播种期大都在春、秋二季。

5.某些抽蘗性强的植物，可在休眠期间进行分株繁殖。

6.有些植株可利用嫁接法，以体现品种的优良性状。如用黑松接上五针松或锦松，毛桃上嫁接寿星桃，枸橼上嫁接金橘、金枣等。或在单瓣性砧木上嫁接复瓣性品种。又可在初具艺术形态但缺少部分枝条的植株上进行靠接（即诱接法），构成完美造型。

选定苗木或从山野间挖掘得树桩，首先应删除去过长的部分，或残断根系，并把断面修剪成光滑面，栽植在大于根系范围的泥盆中养护一年。定植后再将杂乱、繁密的枝干整修、截短，如树冠过大或主干稍高者，还需要用绳索或薄膜带围绕根茎连盆缠牢，以免搬动或日后风吹晃动，有碍新根生长。然后放进薄膜地棚或玻璃温室的沙床中(盆体浅埋入沙中)。新掘小桩的枝干上还要缠绕上湿草绳，或用青苔包扎覆盖着，并经常喷洒清水，保持湿润环境，以利于日后迅速恢复生长。如无温室或薄膜棚，可将盆钵深埋土中，盖上挡风避寒、遮阴的单斜式草棚，朝南面张挂薄膜门帘或用草帘垂挂，让其安全越冬。如用分株法，宜在早春萌芽前或冬季休眠期间进行，根系上尽量带些宿土。至于播种实生苗和扦插成活的植株分盆时，除盛夏炎热期间外，一般在气温10℃左右的晨晚或阴湿天气翻种，都容易恢复生长。分植后还要移放阴凉地方养护一段时间，及至新叶微透时，方可移放露天培植。

翌春，气候转暖，在嫩芽新枝萌发时，还要经常摘芽、轻剪、攀扎，构成树干与枝丛相辅相成的完整艺术造型。现将各个部位的加工处理列述如下：

1.主干　盆桩的主干为植株显露其艺术形态的主要部分，可按它的造型前途，顺势构成各种形式，予以不同处理。如直干式，主干不加以攀扎，应干直挺拔，蓄养侧枝；斜干式，把主干偏斜栽植，倾侧一方的枝丛应多留，且长而微垂些；蟠干式、悬崖式，可用硬度足以使主干弯曲成形的铅丝缠绕干身上（如技巧不熟练，应在铅丝或干材上加绕一层布条、麻皮之物，以免在弯曲造型时缢伤树肤，并可借以保护树干韧性），促使弯曲成符合构思的形式。也可在干材上进行雕琢，使树肤呈皱皮或使木质部露出纵横破纹，增强苍古势态。

2.枝丛　小品盆栽中微型盆栽的枝叶不宜过繁，以利生理循环平衡，应以简练、流畅为主，以达到形神兼备，而显示其自然美。对那些不必要的杂乱形枝条，尤其影响到艺术形态的交叉枝、反向枝、直立枝、平行枝、辐射枝、横闩

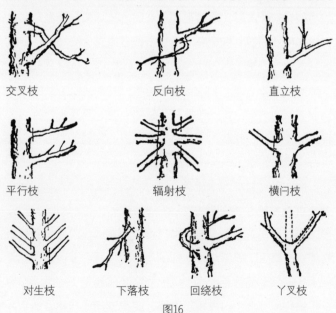

交叉枝　　　　　反向枝　　　　　直立枝

平行枝　　　　　辐射枝　　　　　横闩枝

对生枝　　　下落枝　　　回绕枝　　　丫叉枝

图16

枝、对生枝、下落枝、丫叉枝、回绕枝等（图16），都应除
去或短截。攀扎枝条时，绝不是单纯地追求曲曲弯弯的形
式，而应顺着树干的原有特征来设计画面，然后适当地作画
龙点睛式的加工，令其形成天趣艺术生态。在造型设计中，
布局要有所侧重，或左虚右实，或右虚左实，使枝丛能给人
以疏密有序、错落有致的感觉。

枝条攀扎造型法有：

（1）棕丝结扎法

棕丝结扎法是我国传统的攀扎方法。用细棕丝扣住枝条
两端，使其按需要弯曲形姿固定下来。

（2）铅丝缠绕法

用硬度足以使枝条弯曲成形的铅丝缠绕枝上，按照造型
构思意图进行弯曲。用这种方法，可以使枝条成形的角度和
曲折纵横形随心所欲。

（3）折枝法

当新生嫩枝呈半木质化时，将其折断（但仍须保持韧皮
部大部分相连）。由于皮层幼嫩，能及早愈合。折曲处伤痕
结节后，折角更小，显得错节纵横，曲折多姿，呈现一派虬
枝横空气势。

（4）嫩枝攀扎法

新枝萌发抽长时，枝条柔软，可随意攀扎成形。或可用

预制成型的铅丝模式的一端缚在老枝上加以固定，然后把幼嫩枝条沿着架模缠绕或将逐步延伸枝缚在上面。这种牵引法，使成形的枝条生态更具自然美。

（5）倒悬法

适用于柔枝性和丝缕状枝叶的品种。在萌芽前，用细绳、带缚牢盆钵，倒悬挂起。由于植物有向上生长的特性，嫩枝都回转逆生，及至新梢将近长足之际，解下倒悬盆钵，使植株恢复正常坐放，枝条由于渐趋木质化，已固定成垂枝纷披形式。

上述折枝法、嫩枝攀扎法、倒悬法作者都曾做过较长时期的实践，并获得比较满意的结果。

用上述各种不同的攀扎方法所形成树冠，虽然不能像大、中型盆栽那样苍郁、茂密，但也应要求疏密有序，层次分明，高低适度，兼蓄并顾，令人望之，一派自然美的缩影，顿现眼前。

3.根系裸露处理　小品盆栽，尤其是指上盆栽，由于盆域极微，盆中植株虽然经过艺术造型，树姿具有一定艺术形式美，但毕竟干细枝纤，可考虑将部分根系裸露，以弥补盆面上细小树干的虚白，增加树姿的古苍态势。一般可在定植时将根茎部位根系直接提起，或稍稍超越盆面，并用泥土壅培着，经受日常浇水和雨水冲刷，逐步裸露出根系。根系强健的品种，如金雀、火棘、木桃、榆、迎春等，可把它们的部分根系沿着根茎处盘结，定植时让其裸露在盆面，形成根盘屈曲、苍古入画的意境。

当植株构成一定艺术形态后，接着就要上盆。为了辅增树姿的形式美，盆钵选用是否恰当，有着很大关系，同一形式的植株，定植在不同形状的盆钵中，会使人在艺术观感上产生不同的效果。所以在上盆种植时，要根据树姿的形式配上相宜的盆钵。一般情况下，高深签筒盆，适合于悬崖或半悬崖式；腰圆或浅长方盆，可栽植直干或斜干；圆形或海棠形式盆，宜配置干身盘曲低矮的植株；多角形浅盆，宜植高干，使上面着生细枝，呈现柔枝蔓条、扶疏低垂之态，显得格调高逸。

有了一盆生态优美的艺术盆栽，陈设在形体协调的花架上，更能衬托出诗情画意的艺术效果。盆架的形式、高低、大小多种多样，如有高几、书卷几、扁几、双合几、树根几、竹节几、树片几、多层博古架等。这些几架由红木、黄杨、紫檀或其他硬性杂木制成，几桌面亦有镶嵌大理石、阴木或固体镶嵌螺钿等。花几、架座必须与花盆形态的线条配合得体，融成浑然一体的艺术结构，达到形与型、色与美完全和谐、协调的境界。古人鉴赏艺术盆栽有"一树、二盆、三花架"的名言，也就是这个道理。

栽培和管理

1.场所 小品盆栽以放置东南向为最好，但必须有遮阴的芦帘之类，也可置于廊下或窗台荫凉处（但夜晚必须移放露天）。4月起，当气温渐升至10℃以上时，只需在午前10时起遮阴。5月起，气温渐高，早上七八时就要放帘，及至夕阳偏斜时，方可收帘。如放置场所容易受斜日照射，还需悬挂荡帘遮阴。否则，盆小土少，气温又高，叶片容易受灼。

为了能简化和省却过繁的管理工作，可将盆栽安置在铺有一寸余厚湿沙的沙床台上。把盆栽浅埋其中，借湿沙中水气，构成湿润微域气候，有利植株生长。但这种方式，由于植物根系的向水性关系，常常发生根须从盆低漏水孔中窜透而出、丛生沙中的现象，移放室内观赏时，如不剪除，极不雅观；如修除掉，又易影响枝梢生长，严重者，甚至会引起植株死亡，故可采用另一方法：用一浅水盘，放入平整砖块，略微露出水面，盆栽坐放其上，依靠盘中水气和湿砖

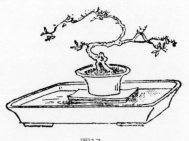

图17

的潮湿度使盆土保持一定的潮润；或用箱框、盆钵等物盛满湿土，把盆栽坐置其间，亦能起到滋润作用（图17）。

2.浇水　小品盆栽，由于盆小土少，盆面一般又不留水槽，所以在日常浇水时无法浇透，只能逐盆放置在贮水容器中浸数分钟，以浸透为度。春秋每日晨晚浇水各一次。盛夏炎热期间一日数回；由于这阶段气温高，空气又干燥，细微盆域中的土壤所含蓄的水分不够供给植株蒸腾所需，所以要用细孔喷壶对植株周身喷洒叶水，构成湿润的微域小气候。否则，常易灼伤叶片，造成脱叶，影响观赏和健壮生长。

日常所用清水，如是自来水，必须先存蓄缸中一两天，待水中清毒剂分解后再使用。

3.施肥　小品盆栽植株，微域中土壤所含养分往往不能满足生长过程中的需要，如不及时补给，会很快耗竭，引起树势早衰或枝条枯萎。一般情况下，多在萌芽前略微施些稀释腐熟绿肥或饼肥（仍用浸盆法）。梅雨期间，由于湿度、气温条件适宜，新枝嫩叶长势快，又经摘芽、轻剪后，腋芽萌发丛生，此时应及时补给一些肥料，保持枝、叶长势。在施肥过程中，还必须根据各种树木品种的生长情况和习性，灵活使用。如针叶类，只需施腊肥一次，否则反而会引起针叶徒长，影响到植株叶丛与盆钵整体比例的协调与美观。而以观花为主的品种，花后仍须施以淡肥，促使孕蕾多而饱满。对观果品种，腊肥可略微浓些，且宜在开花前追施一两次淡肥，保持养分供给，以促成坐果率高。至于杂木类中落叶性品种，除非植株生长势弱，一般可不施肥，这样反而能促成苍虬姿态，形成小中见大形象。

4.土壤　大都采用疏松的腐殖质土或砂质土壤为主，因其透气性好，不易板结，利于须根舒展。如限于条件，一时采办不到，可用三分之二田土掺杂三分之一黄沙、砻糠灰混合组成。

5.翻盆　树桩经过常年培养后，须根丛密，随着新陈代谢，衰老和残死的根系又占去一定空间，影响新生须根舒展，所以必须进行翻盆换土。翻盆在深秋或初春时进行最为稳妥，草物类间隔一两年，针叶类三四年，杂木类可根据树势强弱而定。总之，要根据植株品种、生长势态等情况灵活处理。翻盆前，先使盆土稍干，便于脱出。如盆钵形式属底小口敞的，可把食指和中指夹住植株，倒置过来，用另一手的掌根轻叩盆壁侧沿，使其自然脱出。或用扁竹签沿盆内侧插入，撬脱而出。或用细竹棒从盆底孔眼中挺出泥垛。假如盆口呈内卷形式或两头窄中间宽的，先要把盆面边沿的土壤挖松剔除，及至泥垛小于盆口时，小心将其倾出。如需换大一号盆，只需加些泥土就行；如需缩小盆钵或植株长势不好、根系过密，应用细竹签剔散盘结根系所结成的泥垛，理直根系，剪除过长或衰老的须根，促使新根滋生，并使植株不易痴长及新枝不易徒长。定植时先在盆底漏水孔穴上用两片极薄的碎瓷碗片交叉重叠各遮住孔穴一半；假如是细微的指上盆栽，为了不占用盆域空间，可用塑料细格网、棕丝片或树叶等遮盖（当树叶腐烂后，根系已经布满，箍住泥垛，土壤既不流失，又利于通气泄水）。然后加入一薄层新泥，接着把根系坐在上面，拧正树干需要放置的位置后，逐步加土，并用手指或细棒沿着根系空隙间轻轻壅培，以免窝根。种妥后，还要在盆面上铺设些青苔，借苔痕深浅逶迤伸展布满盆面，既可辅增翠色，又能保持盆土湿度和不受雨滴冲刷，更可隔阻炎热空气影响泥面表层的根系。

如创作"跨石式"时，应根据根系的长短、扩张度来选择形式合宜的石块放入根系中。第一年，最好用细麻丝扎住相应部分，使其固定，根系大部分仍盘入盆内，应填土镇压住。如作穿越石隙、孔洞的形式，可使根系因势穿越而过，再加土定植。尔后再根盘虬曲，裸露盆面，就可加浓奇特意境。

日常培养中，还要不断运用攀扎、修剪、摘芽、刈叶等技巧，逐步纠正形姿。经过多年培养，就会形成苍老虬枝、形简意繁、小中见大、耐人寻味的盆中佼佼者。

6.防治病虫害 艺术盆栽，由于日常必须精心管理，一般来讲，病虫害发生较少。但因相互交换、购买、沤制肥料、运回新土，以及友好交往或空气传染，昆虫、飞鸟传播，仍有病虫害发生的可能。现将小品盆栽中几种常见的病虫害及其防治方法列述如下。

病害防治法

1.根腐病　大多发生在新从山野间挖掘回来的植株。由于根系残断，种植后盆土湿润，透气性较差，或盆土过实，漏水孔被阻，加上灌水过勤，造成湿度过大，易受土壤中真菌感染，或施肥过浓，引起根系腐烂。其症状是枝叶萎蔫、脱落，逐渐枯死。

防治法：（1）种植前，先把土壤放在阳光下翻晒消毒，或用药物消毒。注意疏松土壤。盆底多填小块薄瓦片和粗粒泥土，增强泄水和透气性。（2）合理施肥。（3）修除残断根系后，要待断面愈合后再定植。（4）选择通风透光条件较好的地方放置。

2.立枯病　多发生于实生苗幼苗还未木质化的根茎处，是由土壤中镰刀菌或丝核菌侵入幼嫩组织而引起的。初患时，受害部位呈水渍状浅黄褐色病斑，进而周缘呈淡黑色，逐渐发生腐败。由于受害部位的细胞被破坏，上部茎叶逐渐萎缩，患处陷瘪，引起植株倒伏枯死。

防治法：播种前对土壤进行日光曝晒或药物消毒。控制土壤不过湿。及时销毁病株。

3.煤烟病　主要发生在受蚜虫和介壳虫群集枝叶和果实部位。在高温期间，它们的分泌物适合子囊菌中煤炱科和小煤炱科的病菌侵染。初期，表面出现一层暗褐色霉斑，逐渐蔓延扩大，形成黑色煤污状霉层，影响枝叶光合作用，也有碍观赏。

防治法：（1）注意使放置场所通风透光和干燥，降低湿度。（2）用三十至二百倍二十号石油乳剂或五百至一千倍多菌灵稀释液喷杀。

4.黄化病　这是一种缺绿病症，酸性土壤中的植物比较多见，如杜鹃、山茶、含笑、栀子花等。主要是土壤中缺少铁质所引起的。受害后，嫩枝梢、叶片逐渐呈现淡色，转呈微黄色。严重时嫩梢的叶缘发白，而后逐渐枯萎至脱落，最后重新萌发新芽时，都呈微白绿色，展叶细小，不久又焦黄萎缩而死。

防治法：（1）在阴凉晨晚，翻盆后洗净根系，换上新泥。（2）浇入黑矾水，或用百分之0.1至0.2硫酸亚铁溶液喷洒叶面。

5.白粉病　发病初期，叶面和嫩梢上出现白色斑点，继而逐渐增多，变成白色粉层覆盖受害部位。这是由子囊菌中白粉菌科的真菌所侵染而引起的。

防治法：（1）加强通风透光，减少浇水，摘除病叶。

（2）用五百至一千倍的托布津或多菌灵喷杀。或常喷0.3至0.5度的石硫合剂，硫黄粉亦有防治效果。

6.叶斑病　大多发生在春夏交接时空气湿度较大的环境中。由真菌侵染引起。先呈黄褐色或黑色小斑点，随后斑点逐渐扩大，叶色发黄，出现穿孔、脱落现象。受空气污染也会出现黑色斑点。

防治法：（1）改良环境，多晒阳光。及时摘除病叶予以烧毁。（2）喷两百倍等量式的波尔多液，能收到预防效果。发病后，用五百倍百分之五十的可湿性代森锌、托布津、多菌灵等稀释液喷洒。

虫害防治法

1.刺蛾类　俗称洋辣子，是盆栽中最常见的食叶虫害，种类较多，有黄刺蛾、绿刺蛾、褐刺蛾、扁刺蛾等。一般在七月前后出现。刚孵化的幼虫常密集叶背，把叶肉组织啃食成网状，仅留叶柄和叶脉；长大后，啃食叶片。身上有数对刺突，碰触皮肤时，刺毛触入汗毛孔中，会引起强烈痛痒感觉。

防治法：（1）数量不多时，可捉除幼虫，敲碎茧壳，杀死虫体。（2）喷一千两百倍百分之八十的敌敌畏乳油或两百倍百分之六的可湿性六六六，杀死幼虫。

2.蓑蛾　俗称皮虫或袋虫，有大蓑蛾和小蓑蛾之分。五六月间发生。虫卵在皮囊内孵化成幼虫，吐丝飘荡，着叶后。啃食叶片，并连缀细小枯枝、残叶，结成细长纺锤形皮囊，潜居其中越冬。

防治法：（1）摘除虫囊，捏杀或焚烧掉。（2）喷砒酸铅药液，或用百分之五十辛硫磷乳油一千至两千倍稀释液。

3.尺蠖　多在五六月份发现。幼虫常模拟成细枝状，夜间啃食叶片。到八九月间幼虫老熟后，吐丝下垂，入土化蛹越冬。

防治法：（1）发现叶丛被害后，立即捉除幼虫。（2）喷一千至一千五百倍的杀螟松乳油或二百五十倍的百分之三十五的滴滴涕乳剂。

4.蚜虫　多在五六月间发生。为害面较广，群集在嫩梢和叶背上，刺吸汁液，并能飞散。受害部位卷缩或枯萎。

防治法：（1）用手指沿着群集处，轻轻捏杀。（2）用烟丝浸出液，涂抹为害处，杀死虫体。（3）发生初期，喷八百至一千倍百分之四十的乐果乳剂（对梅树有药害，忌用），或两百倍百分之六的可湿性六六六。

5.军配虫　亦称盲蝽。每年发生三次或数次；在江苏一带，大多在六七月间开始发生。成虫约长三毫米半，黑褐色，虫体自头下起有一对前翅合叠，翅上有网状脉纹。群集叶背，叶片的正面常呈花白状，叶背有细微黑点排泄物黏着。受害后，引起叶片早脱，影响花芽形成。

防治法：（1）为害较轻时，可摘除并烧毁受害叶片。（2）若虫、成虫为害时，喷一千至一千五百倍百分之八十的敌敌畏乳油或一千至一千五百倍百分之五十的辛硫磷乳剂。

6.红蜘蛛　虫体细微，常为红色，肉眼几乎看不清虫体。在五到七月间气温偏高而干燥的情况下，密集嫩芽和叶背刺吸汁液。受害后，叶片变黄，渐次脱落。

防治法：（1）在早春时，喷0.3至0.5度的石硫合剂进行预防。（2）受害时，喷一千五百至二千倍的乐果稀释液，或喷雾八百至一千倍液三氯杀螨砜。

7.介壳虫　大多发生在四五月和七八月间。常发生在通风不良、环境阴湿处的枝干和叶片上。其种类较多，常见的有身披银白色蜡质纤状毛的吹绵介壳虫、盾形介壳虫、圆介壳虫、白蜡囊介壳虫等。受害严重的枝干、叶片上布满虫体，刺吸汁液。经为害后，常伴随有煤烟病发生，引起枝叶萎黄，树势早衰，严重者甚至死亡。

防治法：（1）如虫体较少，为害面小，可用指甲或刷子除去。（2）初春时，喷布三十倍的二十号石油乳剂进行预防。（3）受害时，喷八百至一千倍百分之八十的敌敌畏乳油。

8.蛀食枝、干害虫　主要有天牛、木蠹蛾、吉丁虫、食心虫等。它们的幼虫常在树枝干材或皮层中蛀食为害。受害时，有虫体排泄物和蛀屑从蛀孔中排出，或树皮脱落。轻者树势衰弱，重则枝干折断。

防治法：（1）发现蛀屑后，用细铅丝伸进洞口，顺着蛀道上下戳杀；或用利刃剔开蛀道，捉除害虫。（2）用五十至二百五十倍百分之二十五的滴滴涕乳剂或二百倍百分之六的可湿性六六六注射进蛀孔中杀死幼虫和成虫。

9.地下害虫　在小品盆栽中极少发现。主要为害的是蚂蚁作巢。

防治法：（1）翻盆驱除或换土重栽。（2）连盆放入水中沉浸数分钟，驱赶出。或用油腻之物放置盆面诱引出，逐步捕杀。（3）在放置场所周围洒六六六粉。

此稿根据1979年2月18日《新华日报》、1979年《文化与生活》第四期、1980年美国旧金山《东西报》上刊登作者所写几篇文章汇总而成。

苍干虬枝多奇姿——**松**

松，它那苍劲的枝干、刚健的体态，无论在崇山峻岭，还是田野、庭园之中，都显示出独特的气势。或雄踞陡崖，挺拔耸立，或悬根出土，倒迎险壑。虽历经盛暑酷寒、厉风凄雨、严霜暴雪，它依旧岿然自若，生机勃勃。千百年来，博得了多少人的赞赏。早在春秋时代，《论语》中就提及它"岁寒然后知松柏之后凋也"的坚强品性。常被我国人民用以此喻不畏强暴、矢志不屈的民族性格。在宋朝绘画中，已有苍干虬枝的苍松盆桩的作品问世，如北宋张择端的《明皇窥浴图》中，右下角就陈列着虬曲多疤的桩景盆栽；现藏台北故宫博物院的宋人绘画《十八学士图》四轴，其中两轴亦画有偃盖潇洒、露根出土的松桩盆栽。元朝李士行绘《偃松图》中，独画一盆干斜欲偃、分枝反向横披的苍松桩景盆栽。此外，明朝仇英所画《金谷园》中，庭院内罗列着许多姿态万千的盆桩，其中亦有苍古矫健的古松盆栽，突出在画面的显眼部位。上述事实，已很能说明，松桩盆栽自古以来在我国盆栽艺术中就占有不平常的地位。

松系松柏科之松属，系常绿乔木。

松树在我国遍及全国各地，品种繁多。专作盆栽观赏用者，常见的有松针长达尺余，叶每三针成一束，集生小枝端的大王松（原产美国）；每五针一束的五针松（原产日本，有长叶和短叶之别，以及曲叶变种）；有树肤银白而光洁，叶每三针成一束的白皮松（产于中国、朝鲜）；每两针成一束的黑松（盛产我国和日本等地）；树干呈爆裂状、条形碎块的锦松（多产于日本）；以及针叶短小仅及一厘米左右的虾姨松。这些品种，在制作小品盆栽时，除大王松的针叶长垂，形象奇特，须留作观赏外，其余的如嫌针叶太长，可适当剪短，或在嫩枝刚透，叶束未展时轻剪之。盆土宜干燥一些，肥料宜少甚至不施，地点要注意偏阳一些。采取上述措施，可使新枝低矮，针叶短小。适于小巧的盆域。

松树习性好阳（但小品盆栽在进入炎热气温时，不宜曝晒），喜高燥之砂质土壤。小品松桩盆栽只需在冬季略施薄肥；健壮者，不宜再施肥。黄梅时期雨水多，盆中切勿有积水（如有，应及时用细棒或竹签等戳通，使水泄去。久雨时，还要移放通风避雨处）。一般经三四年后要翻盆换土一次，最宜在深秋以后进行。换盆时，先剔松或减少包裹根须的泥垛，修除些衰老盘曲、过长过繁的须根，根据整修后的形姿选取适当盆钵重栽。当气温降至摄氏五六度时，应将盆栽移放向阳窝暖处；如天气骤降至结冰的温度时，还需移放室内越冬。至于在北方有暖气设备的房中，由于室温偏高，翌春出房后极易脱叶或萌芽过早，遭受春寒侵害，使萌发的嫩枝逐渐萎蔫死亡。所以最好选个离热源远些的地方放置，或放在其他室内。繁殖偶用播种法，一般用黑松作砧木嫁接合意的品种，容易成活。另一快速成型法，是选择具有一定艺术造型前途的砧木，在新枝上进行高枝嫁接（劈接法）或靠接。

虫害主要有松毛虫、红蜘蛛、介壳虫等。如发现松针逐渐枯红脱落的现象，很可能是由于真菌侵害引起的松针枯病，可在五月至六月间，定期喷等量式波尔多液预防。

叶黛干苍四季青——**罗汉松**

罗汉松，叶色翠黛，线状披针形，四季常青，披叶丛簇，千身苍劲优雅，足可与松柏媲美。在我国盆栽艺术中占有比较重要的位置。江苏一带更把它作为表现造型流派的主要作品之一。在日本盆栽界中称作"槙"的，即是罗汉松。

罗汉松，系罗汉松科之罗汉松属，常绿乔木。

此树性喜温和、微润，盆栽时宜用砂质或腐殖土。它相当怕冷，尤其在秋季萌发新枝时，嫩枝易受冻害。故此，小品盆栽应早日移放向阳温暖之处，或提早进入室内越冬（室内有暖气设备，则不宜放在室温过高处）。品种有大叶（长约六七厘米）、中叶（长约三四厘米）、细叶（仅二厘米左右），尤以叶片短小丛密者，最适宜于小品盆栽。施肥仅在冬季略施一些腐熟宿肥，以后不必再施，否则细叶长得肥硕粗大，将使雅姿尽失。盛夏时，不能久晒，应放置在稀帘下，经常喷洒叶水，可保持叶色翠黛。

繁殖方法除播种外，主要用扦插法（在初春，选取隔年生细壮枝；秋季，则可用当年新枝），较易成活。

虫害，需注意防治介壳虫、蓑蛾等。

风姿胜似罗汉松——**红豆杉**

红豆杉，又称枷罗木或朝鲜雀舌罗汉松。外形酷似细叶罗汉松，只是叶色更深，且有光泽，线形叶较罗汉松尤有厚实感，螺旋状着生，常成不规则的两列。小枝细干较柔软，易于造型。皮层粗糙（老干多斑驳），经修枝盘干后，羽叶苍干，风姿俨如古木，状甚可玩。

红豆杉系紫杉科之紫杉属，为常绿乔木。

红豆杉为喜阴性树种，生长较慢，但抵抗力极强，在凉爽湿润气候和酸性土壤中生长最好。喜肥，但小品盆栽不宜多施；否则，叶丛繁密，遮掩枝、干架势，或形成新枝疯长，搞乱整体造型。对过密繁枝要删除，或适当摘除枝上不必要的叶片，促使树冠中枝叶疏密相称，恰到好处。

繁殖方法主要用扦插法，春、秋二季都可进行。

细叶婆娑色如金——**金钱松**

　　金钱松，我国特有树种，主要分布在我国中部及南部。干多挺直，枝轮生平展，叶线形，簇生于短枝之端，散开圆如金钱，秋后叶色鲜黄，故名金钱松。

　　金钱松系松科之金钱松属，落叶乔木。

　　性喜湿度较高的环境，宜用砂质土或腐殖土壤栽植。盆栽后应放置于阴湿处，否则叶片易焦黄，甚至枯萎而脱落。盆栽中以直干较为常见，多株而参差成林者亦为数不少；盘干曲枝，形成虬枝横空者尤属可贵。

　　繁殖多用种子直播。

　　虫害主要有蓑蛾等。

苍劲古雅匹敌松——**柏**

柏，树龄之长可以与松竞相匹敌。在各地园林、古刹中，常可见到干粗成抱、皮层剥裂的老树，仍然枝繁叶茂，雄姿不衰。如河南嵩山嵩阳寺中，还健生着两棵汉代遗柏，其中一棵被誉为"二将军"的，高达三十多米，需十个成年人手拉手方能合抱；甘肃天水，亦有元代古柏。这些巨木，都可说明柏树树龄之高。

在盆栽艺术中，惯于利用这种特性，挖掘小桩运用一定技巧和艺术加工，育之于盆域之内，欣赏它那苍劲气势和枯而不死的艺术形象。因它四季常青，姿色雅致，被盆栽界视为重要观赏品种之一。

用作小品盆栽的柏树，主要是柏科中的桧属，为常绿乔木或灌木。

桧属的柏，通常耐湿，且是偏阴性树种，喜肥（小品盆栽后，不宜过肥），宜用砂质土壤或腐殖土栽植。其主要品种有桧柏、杜松、纪州真柏（特产日本，特征为干矮，鳞叶丛密、圆紧，容易培养成细小桩景，形姿最优美）、花针柏、缨络柏等。它们的叶呈刺形或鳞形，或两种相混而生。

在日常整形中，除徒长枝需短截外，一般仅摘芽即可。日本之纪州真柏，更只能在鳞叶初萌时，微摘嫩梢；如加以重剪，萌发出的新叶往往刺叶丛生，久后满树皆是，且树冠叶丛松散，失其原有特性。又如桧柏叶丛中，常有刺和鳞叶混生，如经常摘除刺叶嫩梢，尔后鳞叶逐渐增多，叶丛变密，树冠变得圆墩繁密，有其疏落大方、潇洒脱俗之美。

繁殖一般多用扦插，亦有用压条、枝接、播种者。

病虫害最易发生的有锈病。此病是由真菌中的担子菌侵入嫩枝过冬引发，并逐渐形成瘤状的冬孢子堆，春盛后，孢子堆膨胀破裂，呈杏黄色，随后散发出大量孢子，侵入邻近苹果、梨、海棠等叶片，并继续扩大侵染，到秋季时再侵入桧柏小枝越冬。受害后，小枝上病瘿成串，叶丛枯黄，随即引起小枝死亡，严重者整株枯死。

防治法：七至十月间，每十多天在干上喷一百倍等量式波尔多液一次；三四月份喷一两次一至三度的石硫合剂，并及时对苹果、海棠、梨等喷射相同药液，以免传染。

虫害有蓑蛾、松毛虫等。

春秋二度看红妆——枫

　　轻霜初降，绿树丛中染出无数斑斓黄叶，一派萧瑟秋景陡然显现。而转色红枫，却似片片丹霞，显得分外妖娆，平添了几分秋色。这些动人的美景，曾赢得历代文人多少赞誉！如"霜叶红于二月花""晓霜枫叶丹""秋叶幻春红"等等，不胜枚举。何况枫叶之美，更不独限于秋色！

　　它的品种有百余种之多，按叶形分，有大、中、小；按形状分，有三角、五角、掌状、瓜叶、鸡爪、丝条状（为近代日本作出的园艺变种）等；按色泽分，有春芽初绽猩红、终年红、春秋二头红，亦有全年黄绿璀璨如金者，更有绿叶上镶嵌浓淡乳黄斑晕者。故此，春日可看它的嫩叶色泽变幻，仲夏可观其叶叠青岭的苍郁风貌，秋后又可欣赏它落叶后细枝繁攒的寒姿，无不展示出它那独特的潇洒风韵。所以，枫在艺术盆栽中是受到人们交口称赞的佼佼者。

　　枫系槭科槭属，为落叶乔木。

　　枫树，生性强健，对土质并不苛求，以栽植高燥而向阳处为宜；但盆栽后宜偏阴，尤其小品盆栽者，更要给予充足水分，否则，叶缘易焦，甚至枯萎、脱落。移植、换盆都须在萌芽前。如带泥垛，并把叶片摘除，放置阴湿地方，亦能很快恢复生长（盛夏炎热期间除外）。施肥，多在冬季进行，如在春盛或早秋时施肥，容易引起新枝徒长或叶片过大，影响各部分形姿比例的协调。尤其是微型盆栽，更易引起叶缘焦黄而脱落。

枫树萌发嫩枝较长，应按树姿经常加以修剪或摘除嫩梢；在盛夏时，还应删除过密叶片以利通风透光，又可减少小盆中植株的蒸腾量。小品盆栽枫树，应取中小叶者为好；如作直干、斜干式等，宜用丝条状叶和鸡爪枫等品种，便于突出其扶疏垂软之状。红枫如选用白色或浅色釉盆，更能衬托出它的娇艳色泽。繁殖不论采用播种、嫁接、扦插中的哪一种，都能成活（在黄梅时期，剪取当年新枝，极易成活，但以青枫为主）。

病虫害主要有白粉病及刺蛾、蚜虫等。

柔枝缀刺丛——小檗

小檗,一名子檗,别名山石榴。杜鹃和金樱子也叫这个别名。我国西南部山野间自然丛生极多。枝上缀有纤细叉针刺丛;叶倒卵形,长约二厘米,有丝状叶柄,全缘或有稀疏浅锯齿;四五月间开黄色小花,总状花序;花后结实,深秋转成红色,甚为美丽。由于它枝柔丛密,又有叉刺,民间常作绿篱材料使用。

小檗系小檗科之小檗属,落叶灌木。性喜偏阴,适合酸性土壤栽植。树性强健,移作小品盆栽时,根系受到强度剪伤后,仍易迅速恢复生长。它的萌芽成枝力强,在黄梅期间及夏末初秋时萌发更盛。所以,应及时摘芽、轻剪、整形,以保持其艺术形态完美。施肥以冬肥为主。

繁殖在早春或秋季进行,用嫩枝或老枝扦插都易成活。如用种子繁殖,多在春夏间播种。

百岁蟠根长寿路——**银杏**

银杏原产我国，为现存种子植物中最古老的植物。它的叶似鸭脚，故一名鸭脚子；由于果壳色白，俗称白果；又因它树龄久长，结果迟缓，又称公孙树。我国名刹古寺，园林胜境，常有赫然巨木，巍巍屹立。现山东省莒县定林寺里，长着一株古银杏，据树下古碑介绍，此树在春秋战国时代为鲁侯伯禽与莒子会盟之处，距今已有二千多年历史。这虽是传说，但从树身粗达十五米，须八个人手拉手方能抱合这一点来看，就可以说明此树身之魁伟和树龄之长了。

银杏系银杏科之银杏属，为落叶乔木。

银杏对土质要求不严，但以砂质土壤为好。枝有长枝和短枝之分；叶扇形，有长柄，常二裂，全缘或波状，互生，短枝上也常有簇生的；花雌雄异株，约于四五月间花叶并放。品种有大叶银杏、垂枝银杏、斑叶银杏（绿叶上有乳黄斑晕）、黄叶银杏（叶色终年带鲜黄色）、乳铃银杏（树皮呈乳头状下垂，被视为盆栽珍品）、实成银杏（树干特矮，高仅尺余，但能结果，专作观果之用）。

繁殖可用播种、根接、扦插、分株等法。制作小品盆栽时，常从大树旁分割蘖株，只须稍带细根，给予温湿环境，极易成活。造型时，最好顺应此树多直干的特性，短截蓄枝后，攀扎细枝成形。深秋时，叶色转为金黄，与红枫相映，占尽斑斓秋色，美不胜收。

病虫害较少，偶有介壳虫吸附侵害。

霜叶分外姣——**红叶李**

金秋季节，轻霜初染，红枫顿成时令娇客。平时不那么受人青睐的红叶李，也不甘自弱，暗紫叶色骤转鲜红，灿丽异常，分占了"霜月红于二月花"的赞誉。由于它干紫枝柔，造型后姿形绰约，尤其春晖漫照之时，绯花微垂，叶色、花容相辅增趣，分外绚丽夺目。

红叶李原产欧洲，系蔷薇科之李属，为落叶灌木。

此树移植盆栽，宜在早春或秋后；如在初夏时，需要把叶片全部摘除，修短根系，放在阴凉湿润环境中（最好放入偏阴的塑料薄膜地棚里），廿多天后，即能萌芽成活。

繁殖主要用桃树根嫁接或用扦插法。

虫害应注意防治刺蛾、蚜虫、蓑蛾等。

柔姿若杨柳——**柽柳**

柽柳，别名繁多，常见的有赤杨、观音柳、西河柳、人柳、长寿仙人柳等。枝干暗紫红色，春盛后萌发出嫩绿瘦长柔枝，缀满细密似柏叶的纤叶，枝条下垂，软似丝缕，婀娜可爱。四五月间开花，粉红色，侧生在嫩枝上。集成大圆锥花序。一年可作三次花，故又名三春柳（或三眠柳）。据传其花遇雨即开；若天将下雨，柽花先起以应之，为此又称为雨师。

柽柳属柽柳科之柽柳属，落叶亚乔木。

柽柳生性顽强，根系发达，虽大半裸露，仍能茁壮生长。由于它有这种特性，所以常被作为治沙林木；又因它的枝叶繁茂，苍翠如柏，树肤鳞皴似松，亦作为庭园中观赏树木。

繁殖多在早春季萌芽前，选取隔年枝条扦插，极易成活。

在艺术盆栽中，以其古桩的老干柔枝、风韵潇洒取胜；又可利用它扦插成活率高的特性，作成苍干细枝散披、悬根露爪的婀娜垂柳状，实为微型盆栽中的绝美隽品。三十年前，我家曾按《桃花源记》中描述的景境制成艺术盆景，事后总觉得未能称心满意，有美中不足之处，主要的就是垂柳茎干无法压低，桃树花、叶嫌大！家父将桎柳、郁李代之，高仅数寸，间植在陶质板桥和由细碎白石子汇构而成的透曲细流两岸，形极肖似，构成桃红柳绿、诗情画意的盆景，咫尺之内能瞻山村田野美景，方寸之中可窥俨然乱真之柔艳，令人观之，顿觉生气盎然，妙趣横生。

怪异古拙最堪玩——榆

我国艺术盆桩中的榆树，多怪异粗曲，虽半朽蚀穿或洞孔烂斑，却仍挺拔横空，虬枝蜿蜒，纵老不死。正由于它生性强健，容易驯作盆栽，造型后树姿古朴优美，深受国内外盆栽界赞赏，尤其在江南一带，常被视为盆栽珍品。

榆，原名愉，据传古时有一女子，日常喜食众草，日夜不眠。某日，至此树下食其叶后，竟酣睡良久，醒后颇觉愉快，遂将此树名为愉。后来，人们认为此树属木，应从木，遂改称榆树。

榆属榆科之榆属，为速生落叶乔木。

在江浙一带农村或公路两侧，常把它作为绿化庭木或防风行道树，十多年即能成材。每届暮春，先花后叶，花细小，色紫中带绿；花后结成扁薄细圆形似衬衣纽扣的果实。成熟后，随风四散，当年就能萌生。在幼苗时，枝干特别柔软，可按艺术构思，任意弯曲成型；或在刚出苗时壅些多棱角的粗细石粒，幼茎仍能曲折地从隙缝中窜出，根茎自然多曲。第二年，即能干粗如筷，移植小盆中，再加以整形。此时虽仅二年，却已经初具虬枝老态，为当今盛行微型盆栽中最易成型的素材之一。亦可从山野中挖掘树肤苍润，姿态奇逸的小桩，就势攀扎、修剪，配上大小相宜、形状雅观的盆盎，经阴湿养护，残断根系极易恢复生长。待枝上新芽萌发成丛，逐步删密就稀，再经摘芽、轻剪，形成疏密适度的树冠或重剪蓄枝扎片，经年余，即能形成饶有艺趣的小品盆栽。

在春盛或初秋期间挖掘种植后，如发现其叶片萎凋，应及时把老叶全部抹去，并修掉不必要的过长繁枝，保持湿润、阴凉环境，约十多天后，又能透出点点新绿的嫩芽。在黄梅期间，盆土宜稍干些，否则枝干上的不定芽易萌发出徒长枝。还要随时修剪掉过长过多的新枝，保持树势苍劲，姿态优美。过去，盆栽界惯常把榆桩攀扎、修剪成层层台台的"片子"架势，虽不失为一种流派，但如能仿照旷野山林那种挺拔苍劲之势，予以艺术造型，则更能显出秀姿叠起、意境万千。

桩姿奇趣多——**雀梅**

　　雀梅，一名酸味，多生于山野间，但屡有干枯若朽或洞穿蚀空的古桩，仍丛发出细枝，纵横滋生着刺针状短枝。由于雀梅桩姿奇特，或苍老多节，扭曲不规，或皱皮斑驳，形若虫兽，园艺界常挖取其可塑桩株，截干蓄枝，制作成奇姿异态，犹似枯木逢春的艺术盆栽，深受赏识，在我国广东及江浙一带被作为主要盆栽品种之一。由于它具有天赋的独特体态，经过我国盆栽艺术工作者的加工制作，愈益显示出它雅态万端，具有惊人的魅力。因此，在国际盆栽展览场合，它常常博得世界各国人民的夸奖和赞誉。

　　雀梅，系鼠李科之雀梅属，为攀援状灌木。

　　树性强健，喜偏阴，盆栽时宜用砂质土或腐殖土栽种，好肥（小品盆栽后，施腊肥一次即可）。萌芽力强，新枝繁多且长，盆栽界惯把它短截后，养蓄成枝丛片，并经常修剪成略有弧度的"片子"（即由许多细小、短矮纤枝的叶丛组成），使各分枝的高低"片子"参差层叠，近看蓬丛多姿，远望宛若云树。值得注意的是，枝丛中常常会发生整"片"枝叶突然死亡（主要发生于邻近朽木的枝条）的现象，这是由于邻近干身部位枯朽，或皮层脱落，形成层坏死后，输导组织破坏之故。因此，日常除保护好树桩外，还需在必要部位蓄养新枝，以备万一，争取使艺术布局不受损害。作小品盆栽时，除挖取小桩外（冬末春初或秋季都可，尤以初夏期间最易成活，即使叶子凋尽，二十多天后，仍能新芽丛发）。亦可在黄梅时期剪取具有艺术形态的两年生细枝扦插，成活率较高。入秋后，稍加整修，就能成形。

　　虫害主要防治刺蛾、介壳虫等。

羽叶纷披显清秀——**合欢**

　　合欢，其叶纤密似槐，羽片对生，有三至十五对，各具二十至六十枚镰刀状小叶，傍晚前对生复叶逐渐收拢，而后枝叶相互交合，因此又名夜合。此外还有合昏、赤棠（亦作裳）、萌葛、乌赖树等名称。六七月间，枝梢作花，由繁密丝状花瓣集聚成美丽的缨簇。花色有桃红、淡粉紫（整瓣下半截渐呈微白色）；花有微香。各地又有称为绒花树、马缨花、乌绒树的。

　　合欢属豆科之合欢属。

　　合欢抗力甚强，为速生树种，树冠都呈广伞形，各处广植，作为风景树。性畏水湿，种植在砂质土壤中，则生长更速。它的根系复生力特强，虽遭严重损伤，仍能迅速恢复生长。由于这种特性，在入冬后，可挖取其根际冒出的蘖条或小桩（略带老根或侧根少许），养护泥盆中，连盆埋入土内，既能保持湿润，又可免受冻害（如放入温室或塑料薄膜地棚中，极易成活）。

　　翌春四五月份，新枝繁出，就可把盆栽挖出，逐步剔除盆面桩根浮泥，使盘曲老根半裸出盆面。黄梅时节，从盆中倾出，削小泥垛，移植进合式的砂质、彩釉小盆中，放置阴凉处，经常喷洒清水，十多天后，即能恢复如常。或在秋后荚果成熟时，采籽直播，翌春极易萌芽。嫩干长势甚速，如顺势将柔枝按构思作艺术造型，隔年清明前再移植细微盆中，堪作掌上小品。这样做成的掌上小品，屈曲细枝，羽叶散垂纷披，葱笼柔姿，倍显清秀。

盆栽合欢，绝少着花。但近代国外已育成一种专作观花的姬合欢，干高数寸，仍能开花，纤叶绒朵，玲珑娟秀，分外妩媚。

青干碧叶生幽静——**梧桐**

梧桐，是我国著名庭木之一。由于它的树肤青色，因而俗称为青桐。树干挺直，修柯长枝缀满掌状大叶，亭亭如盖，浓荫蔽日。"一株青玉立，千叶绿云委"，这两句诗把它的碧叶青干，洒下满庭桐荫的静幽景趣，描绘得淋漓尽致。

梧桐属梧桐科之梧桐属，落叶乔木。

梧桐为速生树种，适应性强，畏水湿。除作绿化行道树外，我国旧式庭园中惯取单株栽植。有的且伴以湖石，清影扶疏，尤其在明月高悬、微风轻拂的时候，更富诗情画意。由于干直且高，盆栽极少选用此树，但如能处理得当，却是绝美隽品。

在清明前用种子直播，当年就可高达数寸至尺余，或在当年移植，或至翌春挖出。它的直根肥壮，形如白萝卜，可把主根截短，略存侧根，移植小盆中，极易成活。经过一年的抑制培养，新生须根四出，盘满盆内。第二年，再选用合式精致小盆，翻种入内，如嫌干茎过高，可在萌叶前，定个理想高度，选择芽痕处作截干处理，此后继续萌发新枝，就变得干矮叶小。亦可把二三小株丛植在浅长盆中，伴以高低灵石，盆面铺上青苔，如此布局，更能使人感到景色宜人；或将一只细竹丝制的鸣虫笼，上复棕皮、茅草等，构成茅屋式样，坐落树际，此后虫鸣铮铮，桐荫婆娑，秋声秋色，可闻可见。供之案头，颇有置身秋郊之感。

掌上盆栽梧桐，盆域细小如酒杯，蓄土仅及数撮，因植株根系长势快，叶面大而且薄，蒸发量大，如要保持叶丛苍翠，除日常浇足水分外，还须放置在偏阴地方，否则叶片容易灼伤或萎缩。

岁寒三友——**松、竹、梅**

数九寒天，群芳醋睡，独有松、竹、梅傲然挺立，生机勃勃！我国传统的盆栽技艺，素以"岁寒三友"作为艺术盆景的典型，以此点缀室内，颇能给人增添生活乐趣及美的艺术享受。

些些草木，如何使之扎根盆内？这是盆景制作中的关键问题。

寒梅凋谢后，先把老枝剪短，残留二三芽；再把梅桩挖出曝晒，待泥垛呈干燥状态时，放进腐熟液肥中浸片刻，或拆散泥垛，换疏松新土栽培，再施沤肥；日常多晒阳光，注意防治病虫害，而后着蕾就更多了。

移栽盆竹，宜在阳春三月，当幼笋刚出土时，挖掘带有竹鞭的丛竹，最易成活。此后笋成竹，竹生笋，就可循循不息了。

松，宜栽植于通风向阳、排水良好的山泥或砾质土壤之中；如要松针细短，在萌芽时，盆土需带干，或施行摘芽；如要枝叶修长，可放置偏阴地方。

这种富有诗情画意的盆景作品，由于盆浅土少，松、竹经不住长时间烈日曝晒，而梅树却非要有充足日照方能满枝缀蕾。所以，只有丰富经验的老手，始能常年共栽"三友"于一盆。一般多在梅桩花蕾露色前，临时装配而成。

配景前，大致以梅或松作为主体，以直干形态耸立，其或左或右傍斜出一树，再在二树根际，添植矮竹数丛，造成浅坡逶迤之态，并敷以青苔，用细小白石子构成曲曲溪流，盆景珍品，就大体形成了。

"岁寒三友"盆景，是优美的艺术作品。关于它，还有一段遗闻逸事：在抗战期间，无锡名画家江寒汀老师，曾在上海会合画坛好友开设"大观艺圃"，专供同道临场挥毫，交流画法；并附设园艺部，出售一些艺术盆景。一次，有一市侩登门索制贺岁盆景，画师们见他出言盛气凌人，为了教训他一番，故意把一株梅树作半悬崖式，低垂的枝头碰及下面矮竹叶丛，粗看之下，颇具诗情画意。这个人自命风雅，摇头晃耳鉴赏一番，捧着就走。这时，画家们哈哈大笑，原来盆景中的"梅头触竹"是隐喻他"霉头触足"之意，这是当时旧社会上海滩上那般财迷心窍市侩们在新春佳节之际最犯忌的一句话。这虽然只是一则笑料，却也算是艺术的妙用吧！

翠筱娟娟满眼鲜——竹

竹，为禾本科多年生植物。它不畏寒暑，四季常青，苍翠可爱，常被作为不畏强暴、矢志不屈的象征；它在日常生活中占有重要地位，人们曾对它作了"不可一日无此君"的极高评价。

竹为庭园中常见的植物，无论地栽、盆植，都颇能显示出潇洒的风韵。尤其在春芳初歇或新绿转旧的初夏时际，新篁解箨，翠筱娟娟，令人悦目清心；严冬季节，苍翠如故，生机勃勃，展现出另一番欺冰斗雪的景色。

盆栽之竹，一般都以大、中型形式较为可取。其主要品种有：各节细束且短、中部圆突的佛肚竹；竿上有稀疏黑色斑点的湘妃竹，黄竿上每节嵌以碧绿色凹纹的金镶碧玉嵌；或竿色碧绿、嵌有金黄色直纹的翠条金丝竹（亦称黄金碧玉竹）；竹竿呈紫黑色的紫竹；竿瘦细长、叶狭密生、枝梢下垂的凤尾竹；竿身方形的方竹，等等。另有一些如翡白竹、置叶竹、黑叶竹、矮竹等，竿纤且矮、叶狭小，最宜作为小品盆栽。娇小玲珑，体态闲雅，置之阳台、窗前，极富静幽观感。

竹，性喜肥，但盆栽后，除施稀薄腊肥外，不宜更肥，否则，竹竿粗壮，竹叶肥大，长势偏盛，形成新筱繁乱，不利观瞻。日常放置在阴凉透风处，能保持翠绿如新；盛夏炎热时，要时常喷洒叶水，以免叶尖发焦。入冬后，由于盆小土少，经不起严寒冰冻，必须搬进室内养护；否则，轻者枝梢枯黄，竹叶脱落，翌春不发竹笋，重者冻坏竹鞭，满盆枯死。

在装置翠竹盆景时，宜疏不宜密，且应偏植盆之一端，旁缀玲珑剔透的英石、湖石等，使之有风景感。如以竹林形式出现，竹丛不能遍及四周盆沿，尤当春笋四出时，需删除过密幼笋，保持幅面疏密有致，高低参差，正面竹丛宜低矮；或在竹丛中留出蜿蜒细狭空隙带，形成"曲径通幽"之景色。

竹之繁殖，一般最宜在四五月份幼笋透出土面数寸时，带鞭分植，再移放阴凉处，保持土壤微润，约待二十多天，见新叶透出，即算成活。如欲作掌上盆栽，除利用细小矮竹外，可在腊冬之际，选取大竹竿腋间冒出的充实细枝，着节剪下，扦插于松疏砂质土壤，安放在室内温暖处，春盛后见叶丛透新，就说明断面已生新根。待到黄梅阴湿之日，即带垛移植小盆中。此后，逐年竹生笋、笋成竹，循循不息，一派细碧竿排秀姿，尽收眼中。

绿条缀嫩黄——**迎春**

迎春花是一种蔓性落叶小灌木。它虽然没有梅花那般欺冰斗雪、冒寒先放的盛誉，但早在梅花烂漫盛放之前，它就已经悄悄地开得朵朵金黄，缀满枝条，为祖国美好江山迎来了春意。宋代韩琦《东厅迎春》诗云："覆阑纤弱绿条长，带雪冲寒折嫩黄。迎得春来非自足，百花千卉共芬芳。"把它那花中先锋的特性和预报春回大地的功绩，描写得惟妙惟肖。正因为它有着这般习性，人们惯于把它作为迎接新春的应时盆花。

迎春属木樨科之迎春花属，一名金腰带。方形细茎，丛发四垂，枝节间横生出小叶三枚，互生，卵形至矩圆状卵形，长1～3厘米。腊冬之际，花苞破萼挺出，形似毛笔，先端初呈殷红色，盛放时展开六片鹅黄色花瓣，长成一朵朵形似喇叭的金色小花，瓣缘微皱。另有两朵重叠而开的品种；更有一种圆瓣的，引自日本，花容端庄，酷似梅花，故誉之为黄梅，自是花中异品。

迎春花生性强健，好肥，对土质要求不严，盆栽、地植都宜。花期较长，凋谢后，必须把枝条截短，仅留二三芽，而后嫩枝四出纷披，如给予充足日照，花蕾丛生。节间常滋生出根须，着土即活。

繁殖法：除用压条外，又可在花后或黄梅期间，剪取枝条中部几段，每段留三四芽，插入疏松土中，移放偏阴处，每日喷洒清水，二十多天即能成活。由于枝多柔垂，爱好盆景的人们常把它攀扎成悬崖型，或使其屈曲根系裸露盆面，虬枝发出细条，四垂纷披，花时缀满宛似钢花四溅般的金色花朵，令人眩目。

小品盆栽迎春桩，由于盆域有限，枝条不宜繁多，干本宜矮短虬曲，枝条上花朵不应过密，否则养分供给不足，植株虚弱，勉能苟活，也不易孕花，且会有失造型美观。如用成活插枝作为掌上盆栽素材，可用硬度适当的铅丝缠绕细干上，按原材料长度造成适度S形；或以斜干形式，盆面露根，选留枝上不同方位发芽蓄枝，垂枝一二宜长，顶枝部分作回转斜披，如此悬崖形比单一弯弓形更显得柔美自然。如用粗如拇指的小桩，可把根系修短（多留须根），纳入稍深的一两寸微型盆中。由于其根系恢复力特强，树性又健，如妥置阴凉处培养，经月余，即可以成活。

冰姿玉骨饶风韵——**梅花**

初春时节，花卉树木都还生机未复，唯有寒梅却自满枝盛花，傲然挺立于春寒料峭之中，显出一派清姿神韵。对此，唐朝大诗人杜甫所作《江梅》诗中有"梅蕊腊前破，梅花年后多"之句，对梅花不畏风寒，独先天下而春，占尽早芳的习性，作了恰如其分的描绘。

梅花为我国名花之一。自古以来，典籍中均有关于它的记载，如图经载"梅实生汉中川谷"。梅花被人们引种驯化，广为栽培，遍及各地，迄今已有三千多年的历史。在这漫长岁月中，它和我国固有之兰、竹、菊，惯被象征为不畏强暴的民族品性，比拟为品格高尚完美的"四君子"；与松、竹并称"岁寒三友"。在诗文、绘画中，屡见不鲜。

梅属蔷薇科之樱桃属，其为落叶乔木。

梅，地植、盆栽皆宜。按不同要求，可分为果梅和花梅二大类。花梅的品种繁多，常见主要品种有素静幽雅的白梅、绿萼；有花容丰丽的玉蝶、千叶红梅；有娇艳动人的珠砂；有刮开其枝梗表皮，内呈淡红色的骨里红（由此可断定它的品种真伪）；亦有枝条呈自然四垂的垂枝梅；另有花期临近春末才盛放的送春梅；更有花色浓紫得近乎黑色的墨梅。

梅，性喜光照充足，干湿相宜，适于砂质土壤栽植。树龄长，虽古干坚瘦，仍能繁花满缀，故而常为点缀园林主要花木之一，又为我国园林艺术中独具一格的艺术盆栽首选的品种。盆栽梅花，主要以桩景形式出现，其形式因各地攀扎、修剪风格不同而形成不同流派。如江苏一带之屏风梅、疙瘩梅，安徽、四川之蛇游梅等。随着文化和艺术的发展，近代又趋向于师法自然多姿的形态，使其更富有大自然美妙缩影的风味。但，盆栽梅桩，切忌繁花满枝，否则会掩盖、冲淡斜横疏瘦、老枝跌宕的神态。所以，宜随势使落落疏花点缀其间，方显其铁干虬枝，坚瘦如削，奇趣独具。

梅桩大都以野梅或单瓣果梅作为砧木，选择优良品种接穗，嫁接而成。枝接多在入冬后进行；芽接可在七八月份。如用桃树作为砧木，虽生长快，但树龄不长；以杏接梅，树龄可稍长些。亦可用扦插法：在秋分后六七天，选择当年饱满新枝，截取其中间带有三四个芽点的一段，以其一半插入腐叶土或疏松土壤中，上覆芦帘遮阴，经常保持湿润，约月余，如成活，即萌芽展叶，如枝条仍然色青而芽却没有萌发，可任其自然，照常管理，翌春或仍有希望，唯扦插法成活率较低。

小品盆栽梅桩，除取其成活扦本精心培养、造型外，为了达到快速成型，可选干本粗如手指的砧木，接上健花性品种，成活后，经过摘芽、分枝成丛、逐步攀扎造型，再经精心培植，就能见花。此后把它移植于精细小巧的盆钵中，旁立小石，盆面上敷设绿苔，其姿态宛如多年老梅，风韵潇洒。不过这种细小梅树非轻易可得，必须经过细心挑选并加以特别维护，才得滋生花苞。

盆栽梅桩，每当花后，必须把老枝短截（仅留二三芽），然后从盆中挖出，把泥垛放在阳光下曝晒数小时（呈干燥状态为止），再放入宿肥稀释液中浸渍片刻，或者剔除泥垛，换上新泥，重行上盆栽植，并施肥料。

常见病虫害，主要有蚜虫、卷叶虫、毛虫等，可用敌百虫或敌敌畏等稀释液喷杀。切忌使用乐果农药（此药容易产生药害），否则，叶片尽凋，来年见不到冰姿玉骨的寒梅盛开了。

花中神仙——**海棠**

　　仲春时节，正是海棠花开烂漫时。海棠，色泽娇媚，灿若彩霞，深得人们赞赏。早在唐朝贾元靖《百花谱》中，就把它称为花中神仙。

　　海棠，地植、盆栽都可以。它对土质要求不严，喜欢阳光充足、排水良好的环境，除施足腐熟腊肥外，不需过肥，否则反而容易发生病虫害。虫害以蚜虫为多，可用一千五至二千倍乐果稀释液喷除；刺蛾类，可喷一千二百倍百分之八十的敌敌畏乳剂。

　　海棠属蔷薇科之苹果属。花朵簇生，四月间盛开，花柄细长如丝。常见品种，主要有三种：

　　（一）垂丝海棠，为落叶灌木或小乔木。树冠开张。叶卵形至长圆卵形，叶缘有锯齿；花蕾初展时花柄向上，花色淡粉红色，沿瓣缘较深，作鲜玫瑰红色；盛放后，细丝倒垂，悬挂着胭脂般的轻盈薄花，像含羞的少女，妩媚动人，所以又有睡美人之称。据传，此种系由海棠嫁接樱桃而成。变种有白色和重瓣品种。

　　（二）西府海棠，一名海红，为落叶小乔木。枝干坚实多节，树态峭立，少侧枝；叶卵形，叶缘有细锯齿，花初放时呈胭脂红色，盛放后转为淡绯色，花瓣比垂细海棠稍狭，花柄直生。据古籍载，此种由梨树接贴梗海棠而成。

（三）深山海棠，属小乔木，为野生种。叶呈卵形至卵状矩圆形，叶缘细尖，锯齿不很明显。花蕾透出后，寸余长细丝花柄直挺，含苞时呈淡绯色，极似垂丝海棠；盛放后，渐转为微白色，花瓣比西府稍狭，花后结成细如黄豆的果实。性强健，耐严寒，枝干较软，易于弯曲造型。

至于贴梗海棠，虽同属于蔷薇科，但系木瓜属，灌木，枝开展，有针刺；叶呈矩圆状卵形，缘有锐锯齿；花蕾贴着枝梗而簇生，故名为贴梗海棠，花色有深朱红色和深粉红色之分。仲秋之际，如栽培得法，偶有秋花开放。繁殖多用分株法，成活后，加强管理，容易生花；如用压条法，不易生根。

海棠的枝干和根系，即使受到严重损伤，仍能迅速恢复生长。盆栽中常用露根法，使盘曲老根，裸露盆面，增加古苍气氛。截短根系，移植小盆中，照样年年盛花。

繁葩含素辉——**樱花**

　　樱花，原产日本。春暖花绽，绿叶同时萌发。盛放时，满树繁英，掩映重叠，绚丽动人。

　　樱花系蔷薇科之樱属，为落叶乔木。

　　樱花经过长期培育，已有三百多种。植物学家将它分为两大类、五个系。一类，即野生的山樱，包括山樱和彼岸樱两个系，这一类的花瓣尖端有缺刻，色泽娇艳；另一类是通过杂交育成的，即里樱，包括染井吉野、里樱、早樱三个系，它们以树姿优美，花朵大而丰丽见胜。在园艺界中亦有按花期（可分为早开种，在春分时节就能开花；晚开种，多在清明时节盛开）和按花型（分为单瓣和重瓣两个类型）来区分的。至于细枝呈下垂形态的垂枝樱，则是一个园艺变种。樱花的花色，主要是微红色，尚有白、红、淡黄、浅紫、微绿等色。花期短暂，仅四五天即落英缤纷。樱花主要作为庭园和风景区地栽观赏树木之用，亦可选取具有艺术造型前途的矮干树桩或小苗作为艺术盆栽；另有专作小品盆栽的品种，如"稚儿之木"和"一岁樱"，它们的特点是矮小，高仅数寸，植于六七厘米的小盆中，仍能舒根裕如，干紫叶翠，年年着花不已，确是别具风趣的小品盆栽。

樱花树性强健，喜冷凉、湿润气候，耐干，盆栽时宜用酸性土壤。移植矮干小桩或小苗盆栽时，应将分枝短截或在干身适当部位处断截，便于压低高度，蓄养侧枝；另外，由于它的花芽都是着生在二年生的分枝顶芽和邻近芽，所以，每次花后，必须对各分枝进行适度的重剪（应根据其造型的意图和长势强弱而定），促使多发侧枝，着花繁多。每年除施足腊肥外，在萌芽前再追淡肥一次已够，不宜过肥，以免新枝徒长。

繁殖用扦插、嫁接（用樱桃、山樱等实生苗作为砧木）、压条都可以。

病虫害主要有蚜虫、军配虫、介壳虫、刺蛾、袋虫等虫害。如用樱桃作为砧木的，容易患天狗巢病（树梢散发出如扫帚状短小丛枝），发现后，必须将这些病枝剪除、烧毁。

叶似榆树花如梅——**榆叶梅**

榆叶梅，顾名思义，就可知其命名之由来。

榆叶梅系蔷薇科之李属，为落叶灌木。

树性强健、粗放。喜阳，但亦可偏阴，耐寒，肥沃疏松的砂质土壤中生长较好。在江南一带，三月中下旬花先叶而放，品种有单瓣和复瓣两种；花色有白、粉红、深红等；实生苗，多变种。花后偶能结果，呈红色。繁殖可用扦插、压条、嫁接（以毛桃和梅之实生苗作为砧木，七八月间进行芽接，初春枝接）等法。

花后应把枝条短截，这样可使花蕾孕育在当年新生强枝上；否则，翌春花少而小。枝条如受折至半断状态，仍易愈合，故造型时可利用这种特性，采用折枝法进行攀扎，使其成为曲折度大、疤痕累结、古老苍劲的形态。

素雅脱俗香馥郁——小叶丁香

小叶丁香，原产我国，在秦岭山区尚有野生原种。枝柔苗发，叶形细小圆阔；花小似桂，五月起，密穗繁生，簇聚而开，瓣背浓紫，内瓣色浅，犹如淡妆轻饰，显得素雅脱俗，加之浓香馥郁，颇为动人。

小叶丁香系木犀科之丁香属，为落叶小灌木。

地栽、盆植都宜。性喜向阳，作小品盆栽后，宜稍阴，尤其炎夏时期，更要注意就荫多湿；否则，易于灼伤叶缘而脱叶，影响花蕾孕育。土壤要求肥沃、疏松而湿润。但不宜过肥，尤其在花后，切不可施鲜肥；否则重者造成脱叶死亡，轻者枝条徒长，影响形姿。

在作小品盆栽中，繁殖主要用扦插（在花后至黄梅期间，剪取当年新枝，或用冬青、水蜡树作为砧木嫁接），极易成活。附图掌上开花小品盆栽，即两年生扦苗。由于它枝柔易曲，便于造型，被看作微型盆栽中的快速成型品种。

花繁色鲜妍——**郁李**

　　阳春三月，正是百花竞放、争鲜斗妍的时季。细株丛密的郁李，不甘花小干矮，也开得满枝烂漫，企求争得一分春色。

　　郁李，别名甚多，如常棣、车下李、英梅、奥李、爵李等。古时因它的花蕾上承下覆，繁缀满枝，象征亲爱之意，故常用以比喻兄弟。江南一带，俗名为小樱雪。

　　郁李系蔷薇科之李属，为落叶小灌木。

　　树多丛生，高仅一米左右，干暗红色，枝条微红，光洁。四五月间，花叶同放。叶阔卵形或卵状披针形，缘有锯齿。品种有单瓣与复瓣两种。花色有白色和粉红色之别，花径一厘米左右；单瓣花后能结细圆小果，成熟后，呈紫红色，味酸，供药用。

　　性喜阳，能耐寒、湿、干，树性特别强健，容易生长良好。繁殖不论分株、扦插（花后至初秋时，剪取当年新枝）、嫁接（用桃树实生苗作为砧木），都极易成活。适于作掌上盆栽。

向晨而结见阳而盛——木槿花

　　木槿，在我国已有很长的栽培历史，早在西晋潘尼所作《朝菌赋序》中就已谈及："朝菌者，盖朝华（即花）而暮落，世谓之木槿，或谓之日及。诗人以为舜华，宣尼以为朝菌。其物向晨而结，建明而布，见阳而盛，终日而殒，不以其异乎，何名之多也。"列述了它的别名，描述了它的花期、习性等。

　　木槿系锦葵科木槿属，为落叶灌木或小乔木。

　　性喜阳光、润湿之地。多分枝，树肤较光滑，小枝稍带浅紫色，嫩梢披覆绒毛；叶呈楔状卵形或卵形，叶缘作锯齿状。入夏后，丛生花蕾，盛开至傍晚前即凋萎。但花期久长，此起彼落，能延长至九月中下旬；花色多为紫、红、白，有浓有淡；并有单瓣和重瓣之分。

　　木槿除作庭木观赏外，农舍常把它遍插成篱垣。由于枝柔可弯，亦可编扎成图案形状，紧缠枝条间常易愈合成一体，饶有风趣。

　　早春或黄梅时，剪截壮枝三四寸长，扦插成活率很高。

　　如作小品盆栽，在初春或晚秋，选择略具艺态的根桩，截下蓄枝，移植小盆中，稍经养护，极易恢复生长。而后叶片变小花细，桩景美妙，确为迅速成型的上好素材。

病虫害主要有煤污病及蚜虫、卷叶蛾、刺蛾等。

浓荫帐里花烂漫——**紫薇**

　　盛夏时节，芳菲初歇，那万绿成荫、串串成穗的紫薇花，顶着炎阳，吐出瓣多皱襞，形似轮盘的娇媚花朵，由下而上渐次叠放，点缀着夏日风光。

　　紫薇为千屈菜科之百日红属，落叶乔木。一名满堂红。因它自农历四五月间始花，此开彼谢，竟可延至八九月份，"紫薇花最久，烂漫十旬期。夏日逾秋序，新花续故枝"。不愧"百日红"的别名。由于用手指甲轻刮或抚摸一下树肤，能引起它彻顶动摇，所以江南一带称它为肉麻树；而北方则称它为猴刺脱或猴郎达树。

　　紫薇习性强健，好肥。春日萌芽较迟，叶呈卵形而尖长，初展时作淡红色，逐渐转成绿色，对生或互生，枝梢长足后，抽出花序。花色繁多，常见品种：白色者称为银薇，紫中带蓝焰者名翠薇，粉红色者属一般性品种，又有鲜红色的红薇。自古以来都把浅紫色者作为正色，近代国外又培育出了一些或深或淡的中间色品种。花后结成黄豆般的果实。秋深叶凋后，应把枝梢剪去，入冬后施足腐熟有机肥料，来年则易生花序。

　　紫薇树龄特长，干粗常能成抱，纵令干材大半烂空，形似绉瘦透漏怪石，仍能活着，且从树肤间萌发出新枝嫩条，花开烂漫。盆栽界每每引此作为古桩盆栽。此外，腊冬之际从靠近根际老桩上，选择带有须根的蘖枝或截下附有细枝的枯峰，先栽植于泥盆中，重截枝干，成活后，勤施淡肥，可以顺势攀扎成景。

　　紫薇枝条多细长，不宜过多强意扭曲，应以变侧蓄干形处理（即从不同芽点处轻剪），借以拉开枝冠间开张角度，使新枝斜横四散。秋深后翻盆，剔除泥垛，移植小盆中精心管理，二三年后，照样着花不已，成为美妙的小桩盆栽。紫薇幼树枝条柔软，常多丛生，若把它们交缠成绳索般，经过数年，结成粗干，扭曲奇形，别具风姿。

　　繁殖法，分株、播种、扦插都可。在作小品盆栽时，惯用插枝法，成型较快。春分时，剪取三四寸长强枝，插入疏松泥中，加以蔽荫，保持土壤润湿，待到黄梅新根长足时，可稍受阳光照射，并可作一次轻剪，促使侧枝丛生，养成树冠。

　　虫害主要发生在黄梅时，常有蚜虫和粉蚜虫危害，造成叶片转黄或叶片上染有油状污物。随后叶片尽脱，影响花序发生。可用百分之四十乐果稀释成一千五百倍液，进行喷杀，或用一千至一千二百倍百分之八十的敌敌畏乳剂杀除。

绕枝芳意露毵毵——**瑞香**

瑞香，原名睡香。相传古时庐山有一寺僧，白天睡在石山中，梦中忽闻花香，醒后四出巡视而得，故名睡香。后来，人们认为此花是花中祥瑞之物，把"睡"字改成"瑞"，遂名为瑞香。

在西方希腊荷马史诗中，瑞香被认为原是河神的美貌女儿达芙妮的化身，太阳神阿波罗爱慕她的艳姿，百般追求她，但都遭到拒绝。某次阿波罗追逐她，她难以逃脱，就虔诚地祈祷众神相助，众神把她化为一株瑞香树摆脱了追逐。这对瑞香来说，又多了一层浪漫色彩的描绘。

瑞香系瑞香科之瑞香属，为常绿小灌木。叶互生，呈椭圆状矩圆形，有光泽。常于春气刚动、万卉未苏之际，独占梅花之先，冒寒作花，散发出阵阵浓烈清香，沁人心脾。为此古诗赞美它："腊后春前花未放，先春独占梅花上。绕枝芳意露毵毵，万卉千花总相让。""众妙与春竞，纷纷持所长。此花最幽远，如以礼自将。猗兰敢回步，檐葡亦退藏。"但，民间亦有贬呼其为"花贼"者，推此恶名之由来，可能是由于它的花香过烈，压抑早春众芳，有哗众取宠之嫌的缘故吧!

　　瑞香性喜高燥，不耐过湿，好阴而畏寒。花谢后，当气温在7～8℃时，方能移放露天培养。栽植于酸性土壤中，生长较好。不甚喜肥，且最忌人粪尿；否则，当年即使不死，过后也会逐渐枯萎。黄梅期间不宜久淋。新蕾着生在当年新叶簇顶。中秋节后，可任其接受全日阳光照射；霜降节后，即应移放向阳窗暖处或搬回室内养护。繁殖可在芒种或中秋时节，选取新枝，插入砂质土壤中，放置阴凉处，经常保持微润，经月余，即能成活。

　　其常见品种有:

　　(一)金边瑞香:叶缘镶有黄色，花呈十字形，细如桂花，簇聚成伞形花序，花开时正面微白，瓣背浅红。此品种的枝、叶常能变成奶黄色，花开如常，只是枝叶不耐久，如气温过高或湿度过大，容易发生脱叶或萎蔫；久雨中，叶片常易腐烂。

　　(二)绿叶瑞香:叶全绿色，花开白色，属野生种；另一为浅紫红色，内瓣尤淡。此类香气更浓。

　　过去，瑞香只作自然形丛生式盆栽；如今，施以艺术造型，构成优美盆景，花时供之案头，风趣盎然。

早春绝艳——**木桃**

　　早春三月，春寒料峭，不少花木往往受其影响，含蕾而不能放。而木桃却不受拘束，依旧渐次绽蕊舒瓣，直至灿然缀满枝头，可历半月而不凋，风姿娇媚，足可傲视早春群芳。

　　木桃系蔷薇科之木瓜属，是贴梗海棠变种，为落叶小灌木。

　　木桃树性强健，耐寒、喜阳。栽植于疏松、肥沃的土壤，容易年年盛花。

　　品种按花期有寒开种（腊冬之际开花）和春开种；花色有红、绯、白、微绿、洒金、橘黄等。花品有单瓣与复瓣之分；叶有小叶和大叶两类。近代国际园艺界又培育出十多个园艺变种：例如枝上刺棘变成弯曲状的“云龙锦”；花瓣末端作浅绿色的“浪花锦”；同棵或同枝上演变成红、白、粉红及洒点、洒块、镶边的“东洋锦”，绚丽多彩。木桃偶尔在雌花上能够结果，入秋转黄色时有微香，深秋后凋落。

　　木桃喜肥，但只宜在冬季或萌芽前施肥，否则容易引起脱叶。尤其在黄梅时期，土壤不能过湿，以免掉叶，影响花芽形成。

木桃萌芽、抽枝性强，萌蘖又多，如不及时修剪、整形，容易损坏艺术形姿。一般都在入冬后，先把徒长枝短截，对中长枝轻剪或攀扎，调整形状。根系特强，有时可把三分之二的根系裸露盆面，而照常健壮生长。所以在艺术造型时，可尽量利用这种特性，悉心制作，以取得较好的盆栽艺术效果。

繁殖大都用分枝或扦插、嫁接；播种出苗率虽然很高，但须四五年时间方能孕蕾始花。

病虫害主要有黑斑病、蜡蛾、军配虫、蚜虫等。

花中西施——**杜鹃**

    每当杜鹃鸟啼，正是漫山遍野杜鹃花开繁茂时。杜鹃花风姿绝艳。民间传说，他从前原是个男孩，因为他的兄弟被后母虐待出走，他悲恸欲绝，泣血化成杜鹃花。当然，这仅是个民间故事，但它那灿若云锦的绚烂色彩，确实令人赏心悦目。唐朝白居易《山石榴寄元九》诗中有"花中此物是西施，芙蓉芍药皆姨母"之句，足以表明它在时令花卉中的突出地位。

    杜鹃属石南科之杜鹃属，系常绿灌木，山野中亦有亚乔木。

    杜鹃花，一名红踯躅，又名山石榴、映山红等。它是我国特产，是世界上享有盛誉的美丽观赏植物之一。在八百多个品种中，我国就拥有六百五十种之多。按花期可分春鹃，又可分为大叶大花种和小叶小花种，多在4月上中旬盛开。夏鹃，大多在5月上中旬盛开，叶片稍厚而硬，多毛茸。我国江苏省如皋特产"五宝绿珠"，雌雄蕊都演化成为花瓣，花形圆整、丰满，色泽绚丽多彩，博得国际上赞誉。秋鹃，原为我国台湾省特产，野生甚多，春、秋二季开花，叶片角质层较其他品种稍厚，叶上茸毛更细密。经园艺界驯化改良，培育成许多变种。其中，著名品种如日本的"四季之誉"等，类此品种，花形变大，且成两朵重叠而开，色泽又有变化。近代日本又把它与欧洲种进行混合授粉杂交，花型变化奇多，花色更为艳丽；又与美国落叶黄色杜鹃杂交，获得黄色系变种。花型绝大多数为喇叭状，有单套、双套，也有复瓣（俗称西洋鹃中尤多）、蔷薇型，以及由细狭条状瓣组成花冠的碎瓣型等。花的大小，从二厘米到九厘米不等。色泽繁多，经现代园艺家们的改良，除蓝色外，几乎色色俱全，且有同棵而具多种颜色者，绚丽多彩，令人炫目。

杜鹃性喜阴凉微润，宜栽植于微酸性土壤中。花后宜施腐熟绿肥或鱼、蚌、豆饼等稀释液。梅雨末期，在叶簇顶部孕生幼蕾。日常有红蜘蛛、军配虫等危害，可用乐果稀释液杀除。如见叶面多黑斑，可能是霉菌所害或空气污染所致，应及时喷洒波尔多液。繁殖可用扦插或嫩枝嫁接法；如要获得新种，可用花粉杂交，秋后收籽，立春清明播种，三四年后方能见花。

由于杜鹃枝干较软，根须细如发丝，叶片又小，最适宜作为小品盆栽。造型后姿态奇逸，掌上小品，照常花繁叶茂，能使人们得到更大的艺术享受。

雪里开花到春晚——**山茶花**

　　山茶，原产我国，栽培历史悠久。追考古籍文献，宋代就有描写山茶的诗。徐致中诗云："山茶本晚出，旧不闻图经。迩来亦变怪，纷然著名称。"可见山茶自宋代方始出名。它的花型大，色泽鲜艳，品种多，花期特长，秋冬之交，就有茶梅络绎开放，直至来年春盛方止。"东园三日雨兼风，桃李飘零扫地空；惟有山茶偏耐久，绿丛又放数枝红。"这是宋代爱国诗人陆游《山茶一树自冬至清明后著花不已》的名诗。又一首："雪里开花到春晚，世间耐久孰如君；凭栏叹息无人会，三十年前宴海云。"另如曾巩的《山茶花》诗："山茶花开春未归，春归正值花盛时。"这些诗都对它的花期久长作了概括描述。

　　1677年，英国甘宁医生从我国引种，于是，欧洲也有了山茶花。十九世纪末叶和二十世纪初叶，又有英国人傅礼士等人在云南采集种子回国传播，稍后又移植到美洲，通过人工杂交育种，培养出大批新颖品种，遂成为世界广为流传的著名花木之一。

　　山茶，古名曼陀罗，又称玉茗花，属山茶科之山茶属，系常绿灌木或小乔木。

山茶花品种极多，宋代徐致中山茶诗中提及的有八个品种，而明代王象晋《群芳谱》记载有二十个品种；赵璧的《云南山茶谱》却记载了近百种，其后各种古籍中对四川、广东、浙江等名种亦作了详细的记述。可惜的是，由于历代战乱，名种散失很多。山茶花经过长期人工培育和自然条件的影响而发生变异，使花型变得很繁杂，大致可分为单瓣型、半重瓣型、踯躅型、曲瓣型（又分半曲或多曲）、整瓣型、蔷薇型、牡丹型以及近代国际上育成的鱼鳃瓣型（瓣缘呈细梳齿状）。花色除蓝色外，可说几乎色色俱全，且多串色（浓淡和粗细的点、条、斑晕等）。近年在我国广西南部山区又发现了世界上仅见的黄系山茶，国际花坛为之轰动。

山茶是典型的酸性土壤植物，性喜阴凉而稍润，不宜过肥，栽培管理比较容易，适宜作盆栽观赏。每当花后，可施些腐熟豆饼、鱼蚌或百草汁等稀释液。花芽在六七月间与休眠芽同时形成，此时，施肥和浇水不能太多，否则会引起休眠芽的夏季生长，导致花蕾萎缩或新梢不孕花蕾；但如过于干燥，也会引起落蕾和脱叶现象。中秋节后，可让它多受阳光照晒，当气温降至6～7℃时，即应把盆栽山茶搬回室内避寒过冬。翌春惊蛰后，有花蕾的还应防春寒侵袭，转暖时方能移放室外。

　　繁殖可在入霉后，选择当年半木质化新枝齐节剪下，扦插在砂质土壤中，保持阴湿，经月余，如叶片依旧苍翠不落，极易成活，来年初春时翻盆种植，早则二年、迟至三年，朵朵艳花复又盛开在丛绿之中。此外，也常用靠接法，即把作为砧木的枝干和作为接穗的品种，在等高部位各刮去一薄层，露出伤口形成层，然后把它们的平面形成层对准，用塑料薄膜狭带或麻皮丝等缠绕扎紧，经半年余剪下。分离后的植株，一般翌年能见花。如若培育新种，就要通过异花授粉，受孕结籽后，入冬采收，贮藏在湿砂内，翌春清明前播种，但不易获得满意的花型。

　　日本近代培育山茶新种也很多，如安藤芳显著《山茶花入门》中谈及二十世纪六十年代曾从我国引出一些著名的云南山茶，通过各种杂交，培育出很多新奇茶花，博得国际园艺界的赞誉。根据国际有关报道获悉：近代世界上许多著名新种，均出于我国山茶血缘。

　　山茶，习惯以自然丛生式盆栽，我国著名兰艺家沈渊如先生，早在二十世纪三十年代就以艺术造型盆桩形式作出。近二十年来，日本亦兴起山茶桩景，风靡一时。山茶枝干虽多硬性，但可利用残桩萌新枝或二三年的扦本，采用嫩枝攀扎法，按自己意图造型，易于成效。如作小品盆栽，中小型花朵（花径约在3～4厘米）较能显得娇小玲珑，使树体与盆域大小相适应。可采用小桃红树桩，干粗如拇指，先截去主干，留存侧枝，逐年蓄成虬枝树冠，再经露根栽植在十六厘米浅型六角白釉盆中，红花绿叶，相映成趣，分外娇媚。

山茶病虫害较少，如环境较湿、通风不良，易发生介壳虫危害。如虫少，可用刷子刷去或用指甲刮除，虫多则用稀释一百至一百五十倍二十号石油乳剂杀除。在新叶萌发后，亦有蚜虫附生叶背或围绕嫩枝上，可用一千五至二千倍乐果稀释液喷杀。在盛暑期间，如未作遮阴处理，叶片上会有焦黄块斑出现，这是受炎阳灼伤所致；严重时，叶片会逐渐枯萎脱落，花蕾相继枯死。

素花灿然丛枝间——六月雪

　　每当仲夏，山林田野偏阴之处，丛生的矮干上细枝绿叶，遍开着繁密的小白花，洁白似雪，人们喻之为六月雪。

　　六月雪属茜草科之满天星属，系落叶灌木。

　　六月雪盛产在我国长江以南。叶对生，倒卵形至矩圆状披针形，长一点五厘米至四厘米。入夏后，花朵簇生枝端或叶腋间；野生种为单瓣，花形呈漏斗状；复瓣种，叶片较光洁，花蕾顶部呈浅紫色，盛开后转为纯白色，花瓣比单瓣种稍厚且多，花容丰丽；另有叶缘镶白色者，叶形尤大，花亦单瓣，枝节较长，生长更速。

　　六月雪，矮干虬枝，树肤苍润，枝叶扶疏，根系发达；生性极强健，对土壤要求不严，容易攀扎成型，故常有盘根错节、老态横生的树桩盆栽出现。

　　繁殖多在黄梅时期，选取当年新枝扦插，极易成活。如要迅速成型，可择形姿优美、细干虬枝者，进行套管繁殖（即用分劈为二的细竹筒，套合在枝条上，中间充塞泥土；或用两端开口的塑料袋，由上套下，先扎住底部，填入松土，灌足水分，再扎紧上口，保持袋中土壤湿润），经月余，即能成活。剪下后，种植在形状相宜的小盆中，因势整姿，隔年就能素花丛生，灿然枝间，构成生态古雅的绝妙盆栽。入冬后，如室温不低于5℃，复瓣种的叶片可经冬不凋，而单瓣野生种的叶片尽落，堪作苍虬寒枝欣赏，别具风趣。

六月雪性喜阴凉润湿，畏烈日，如违其习性，长势衰退，来年不易作花。盆栽时，只需在腊冬之际，施些薄肥。其他季节不宜施肥，否则新枝徒长，叶片阔大，有损雅观。花后新枝丛发，必须及时整枝、摘芽或刈叶，以免枝干零乱，叶丛过密，有碍整体线条显露。立冬后，即应及时搬回室内养护，严寒期间切忌受冻，否则易于死。

另有一种叫阴木的，形状酷似六月雪，只是叶丛更为繁密簇聚。它的习性和管理方法都与六月雪大体相同。

暮春满枝紫——**紫荆花**

"风吹紫荆树，色与春庭暮。"这是唐朝大诗人杜甫对暮春芳菲渐歇，独有紫荆满枝花团锦簇的感物咏诵佳句。紫荆花在历史上有着不少有趣的传说。据古籍《齐谐记》载：京兆田真兄弟三人共议分家，拟将所有家财作平均分配，只是庭中一棵紫荆树无法平分，争执中，意欲斫成三片。翌晨，长兄田真发现此树已枯，惋惜地说："树本同株，闻将分斫，所以憔悴，是人不如木也。"于是全家决定不再计较。话音刚落，树又重茂。因此，古时候亦称为兄弟树。又因它从叶柄伸出来的叶子基部分开，伸展后重又汇成心圆形，被视为两个朋友将分手时，情谊难舍，终于又合起来的象征。人们珍视这种依依深情，又把它称为朋友树。这些虽是神话般的传说，但似乎在阐明这样一个真理：人们在生活中都应该有团结、合作的愿望。

紫荆，原是野生落叶乔木，引种栽植庭园后成落叶灌木状。属豆科之紫荆属。四月间盛开，花冠细碎，呈蝶状，数朵一簇，缘干附枝，四处密生，形成满枝皆紫，故俗称为满条红。常见品种，主要是紫红色，白花者属少见之物。花凋，叶出互生，呈心圆形，基部分开。花后结实，形似扁平豆荚，秋深成熟后，采集收藏，翌春播种，出苗后，在第一二年内幼苗较嫩，枝梢易受冻害，要注意御寒；三四年后始花。为此，一般多用分株法，当年就能见花。

作盆栽时，切不可短截，但可把枝条顺势盘曲，压低树冠；亦可用扦枝法，较易成活。在作掌上小品时，如用实生苗，因主根多直长，可截短，多留侧根，盘曲盆中。它的根系复生极快，容易成活，树性又强健，可把上侧个别根系裸露盆面，增添古苍势态，制成细枝横出、圆叶翩翩、疏密有序的结构，极富艺趣。至于小品盆栽开花，须经精心管理，方能如愿。

累累丹珠缀柔枝——**枸杞**

  每当深秋时，山林田野，塘边溪畔，墙角屋隅，常有柔枝蔓条上缀满累累细小红实，灿然夺目，经久不凋。这种植物因枝条似杞，腋节间又常缀有枸的尖棘，故称作枸杞。它的古名甚多，如枸棍、枸棘、天精、地辅、地仙、却老、却暑、苦杞、地节、羊乳、仙人杖、西王母杖等。

  枸杞系茄科之枸杞属，为落叶灌木。

  枸杞，野生植株，多苍干虬枝，分枝细长而纷披。叶卵形或卵状披针形，长二至五厘米，盆栽后更细小，初夏时从叶腋中生出五瓣紫色小花，花后结成卵形或矩圆形绿色浆果。品种有红实和黄实二类，前者又分小实和大实两种（小实种中又可分"牛心形"和"长圆形"；大实种的浆果更长大，长约二厘米，宽一厘米左右，大都产在甘肃一带，故俗称甘杞子），经霜后由黄转为猩红色，十分娇丽；后者黄实种，春、秋二度开花，但只存秋果，果形比甘杞子略小，作矩圆形，色蜡黄，有光泽，俗称为蜜蜡杞枸。

  枸杞喜阳恶湿，好肥，但适应性较大，如栽植偏阴之处，亦能生长，只是不易生花存实。繁殖除用播种出苗外，惯用分株或扦插法，作为小品盆栽来源。另外，为了快速成型，可选择具有优美姿态的野生枸杞桩，切断过长根系，多留须根，先养蓄深泥盆中，放在阴凉处，保持湿润环境，月余即能恢复生长；或在冬末春初，选择形态虬曲多变的粗干，截下后，如前法养护盆中，待新枝萌发时加以攀扎整形，并经常摘去嫩梢，以利于它的树型长得屈曲多姿。到黄梅时，再换入与造型相称的精致紫砂、瓷釉之类的盆中，当年即能成为艺术成品。

小品枸杞桩，尤其掌上盆栽，一般不易开花存实。为了达到挂果目的，除施足腊肥外，可在夏末初秋时，多施几次薄肥，并把叶片全部摘除，尔后，花蕾就有可能伴随新叶而生，只是存留杞实较少。

虫害主要有蚜虫、刺蛾等。

幽馥暑中寒——**栀子花**

"树恰人来短，花将雪样年；孤姿妍外净，幽馥暑中寒。"这是诗人对栀子花的生态和花期、色泽以及芳烈溢远的概括描述。它有着占尽初夏园林早芳的特点，是我国人民作为点缀庭园或盆栽佳玩隽品之一。

栀子俗称越桃、林兰等，属茜草科之栀子属，为常绿灌木。叶对生或三枚轮生，呈矩圆状披针形至卵状披针形，革质，表面有光泽，全缘。六月上旬起，从枝端着生花蕾。初放时，花形作旋转状；盛开后，呈荷花形，经两三天后，花色由白转成金黄色，仍能散发出微香。此花不可靠近鼻嗅，因花芯中常躲聚着细小黑虫，如吸入呼吸道，有碍健康。

栀子花生性强健，喜偏阴，宜栽植于酸性土壤中，如常施稀释宿肥，定必年年花繁叶茂。常见品种，有作为绿化带地栽的大花栀子（俗称为荷花栀子，复瓣，不结实）；中叶栀子（又称丁香栀子，花、叶仅大花种的一半大），野生山栀子，干叶矮小，花开单瓣，花后结成橘黄色橄榄状果实，上面有纵棱，成熟时呈黄褐色，古时人们常把它作为染料，其色能经久不褪。野生山栀子的枝干经受大自然长期侵蚀或山石隙缝约束，多呈矮干苍虬之态，苔藓封枝，显得分外古雅，为艺术盆栽小品中理想素材。又有一种叶形细狭而短小、叶缘常呈不规则微凹状的朝鲜栀子，叶面有乳白斑纹和浓淡绿晕，最宜作为掌上盆栽。近代美国育成花作金黄色的黄金栀子花，花形大，亦作复瓣；日本亦育成叶带圆形的圆叶栀子，三四月份即开花。

繁殖多在黄梅季节，采用当年新枝扦插入松疏土壤中，移放阴湿之处，经常喷洒清水，极易成活。另可在冬初种子成熟后，收集晒干，翌春播种，黄梅时新苗出齐，来年初春时移植，须经三四年方能作花，故多不用此法。或在芒种后，剪取新枝插入水中，每隔数天，换水一次，廿多天，茎枝断面处逐渐生出白色愈合组织，随后长出嫩白根系，此时，就可取出栽植盆中。

小品盆栽栀子花，以斑叶朝鲜栀子最易作花，区区微域之中，花香枝影，确可令人流连几案。

银树攒碧玉——冬青

在大地冰封雪飘的严寒季节，冬青却依旧是那样满树苍碧，生机勃勃，所以曾名为冻青（又称万年枝）。

冬青系冬青科之冬青属，为常绿小乔木或多枝灌木。

冬青生性强健，喜偏阴，能耐干、湿，适应性较强。叶呈卵形，互生单叶，全缘或作锯齿状。初夏时开微黄白色小花，成腋生聚伞状或丛生花序；花后结球形细果，成熟后呈黑色或红色。品种有大叶和小叶两类，小叶种又有米叶与波缘之别。由于它叶小枝柔，萌芽力特强，经攀扎造型，并不断修剪、摘芽，枝、叶能很快盈满成丛。在扭曲株干时皮层破裂，放置阴湿环境中养护个把月后，仍能愈合，且更显示出它苍老的气势。一般使用二年生扦本，原为直干，在黄梅期间用粗细适度的铅丝缠绕枝干上，再按构思形态造型，养护月余，就已初具艺栽雏形了。所以小叶品种常被作为小品盆栽中快速成型的首选品种。

繁殖除采用播种法外，还可在五六月间选取当年新枝扦插，极易成活。但须让它生长三四个月后，待到根系较多时方能移植，否则容易死亡。

偶有刺蛾、介壳虫、白腊虫等虫害，须注意防治。

坚质比寒松——**黄杨**

　　黄杨，木质坚细，枝多叶小，四季常青，长势缓慢，四五十年树龄亦粗仅六七厘米。据古籍载："岁长一寸，闰月年反缩一寸，谓之厄闰。"此说是否可靠，虽考无实据，但足可说明它生长迟缓的习性。自古以来，黄杨不仅为绿化庭园之点缀佳品，且是我国艺术盆栽中的重要材料之一。元朝华幼武咏黄杨诗云："咫尺黄杨树，婆娑枝千重。叶深圃翡翠，根古踞虬龙。岁历风霜久，时霭雨露浓。未应逢闰厄，坚质比寒松。"这既阐述了它的习性，也描绘了它的美姿。

　　黄杨系黄杨科黄杨属，为常绿灌。

　　黄杨性强健，喜偏阴，适应性特强，对土质、水、肥要求不严。小枝多呈四棱形，革质单叶，椭圆状倒卵形或卵形，叶背色暗淡。春盛时，在枝腋或梢顶叶簇中开淡黄色小花，雌雄同株，无花瓣。花后结细小蒴果，卵形，胞背开裂。植株结实后，应及时摘除，否则容易影响生长；但在盆栽后，亦可稍留少许，辅增美观。品种有三十多种，按适宜小品盆栽的主要品种为序，有瓜子黄杨、雀舌和鸭舌黄杨、珍珠黄杨等。尤以雀舌黄杨，叶小，性刚健，且容易繁殖，韧皮部皴皱龟裂甚深，最富苍古之气。把三四厘米粗的老干或细虬小枝截下扦插，数十天后即能生根成长，可移作掌上盆栽或超微型的指上盆栽，为快速成型的最理想品种。

　　繁殖在早春或黄梅时较适宜，剪取隔年生侧枝进行扦插，两个多月滋生新根；若在翌春翻种小盆中，则更为健壮，且易成型。

姿态古雅——**福建茶**

　　福建茶，盛产于闽广地区，系厚谷树科常绿灌木，叶长椭圆形；初夏开小白花，花作五瓣；花后结实，细圆形，亦有微呈三角形的，深秋时由绿转红。在我国岭南派盆栽作品中，福建茶是比较常用的一个品种，它常常被制作得苍干劲节，盘根裸露，姿形古雅。品种可分大叶、中叶、小叶三种，以小叶风姿最好，最适合小品盆栽。

　　习性喜阳，宜栽于湿润而疏松的土壤。作小品盆栽时，宜用砂质土或腐殖土，盆盎不能过浅或过小，否则，叶片容易枯萎。它原生于温暖地带，比较畏寒，如在偏北地区栽植，中秋后应移放向阳温暖处，霜降前须移入室内或塑料薄膜棚内养护过冬，否则叶片会逐渐焦黑甚至死亡。

敢与枸骨争风姿——**刺桂**

刺桂，粗看之下，叶与枸骨形容肖似，几乎难于辨认，但仔细审察，仍可看出其叶缘刺棘平整、叶形较小的特点。深秋时，自叶腋间生出花序，细小如桂，惟几无香味。大概是因其叶缘有细刺，所以名为刺桂。而在植物学上，则名为柊树。

刺桂系木樨科之木樨属。

习性与枸骨相同。它的叶片较为短狭，作小品盆栽后，叶片更小，别具风韵。其品种有三：一为全黛绿色；二为叶面上杂有淡灰绿色，并间有乳白色晕者；三为黄色条晕者。后两种，因间有杂色斑斓，被视作珍品。但这些带有杂色叶的品种，偶有个别枝条会变成全黛绿色叶，应及时剪去，否则，越生越多，甚至演变为全树全无杂色。

繁殖宜在夏至以后、小暑初期进行，或在秋后剪取当年新枝，去梢，扦插在疏松土壤中，保持阴凉润湿，较易成活。

病虫害极少，偶有介壳虫为害。

干挺枝盖如云树——**虎刺**

虎刺，一名寿庭木或寿星草，又名伏牛花。产于山间阴湿而土松的地方，江浙一带特多。细干劲节挺直，多数植株高仅数寸至尺余，分枝横挺层盖；叶小卵形，带角质层，有光泽；枝节间常对生纤小针刺，竖立于对生叶基之中。树小态老，形姿宛若远眺山中云树，极富诗情画意。初夏，在新枝腋节间盛开漏斗状小白花。如盆栽多年，调护得当，亦能结果存实；入冬后，由绿转红，灿缀于碧翠的叶丛之中，经冬不凋，实为岁暮天寒之时的赏玩佳品。

虎刺系茜草科之虎刺属，为常绿亚灌木。

驯养野生虎刺盆栽，一般认为极难成活，但从笔者的实践经验来看，其实并不如此：在上盆至春盛这段时期，往往容易发生枝枯叶凋的情况。此时，如能坚持精心管理——放置阴湿地方，并保持土壤润湿，至黄梅期间（或迟至初秋时），常常能从残留枝干上萌发出新枝嫩叶来。值得注意的是，此时最忌烈日照晒，并要及时追施稀薄绿肥少许，这样，就可以使新枝茁壮，枝叶繁茂，生机勃勃。

繁殖主要用分株法，宜在早春或秋末时带垛移植，亦能用播种法。

病虫害：有时有介壳虫为害。

蕊珠如火一时开——**果石榴**

果物盆栽，是艺术盆栽中饶有趣味的一种。它的品类甚多，最常见的有天竹、寿星桃、姬林檎、香橼、果石榴、一岁蜜柑、实成银杏、山柿、金橘、佛手、金豆、金橘等等。每当花后，锦果满枝，案头几上，陈列数盆，彩实晶莹、珠玑错落，颇耐赏玩。

作为盆玩的果花木，经过艺术造型制作，可使得悬挂的果物与树体艺术形态和谐协调，能给人一种回味无穷的艺术享受。此类盆玩花木，易受地域气候影响，需要加以精心管理，才能结果。

石榴属安石榴科之安石榴属，落叶亚乔木。盆玩小品果石榴则为其变种之一。石榴，古名有安石榴、渥丹、丹若、天浆、金罂等别称。据传，它是汉代张骞出使西域时引入培育而成，其后各地园林都广为培植，作为点缀风景的隽品。此说有唐代诗人元稹所作"何年安石榴，万里贡榴花；迢递河源道，因依汉使槎"句可证。又如元朝诗人马祖常诗云："只待绿荫芳树合，蕊珠如火一时开。"这也说明了在春光老去、芳菲渐稀之时，石榴花却娇红如火，独占佳色。此外，在人们生活中亦可寻得它的美妙象征。如我国古代妇女所穿的百褶长裙，亦采用榴花般的猩红颜色，以衬托其服饰、姿容的娇艳，所以被称为石榴裙。

石榴，盆栽、地植皆宜。花有单瓣与重瓣之别。花色有大红、绯色、红白相间（俗称玛瑙色）以及白、黄等色。地栽单瓣诸种，除专供观赏者外，绝大多数都作取摘果实之用。爱好艺术盆栽的人，也往往把一些低矮的枯干老桩，移植盆钵之中，随势攀扎成各种形状，加以精心培育，力促花后挂果，以供赏玩。唯此品种仅限于大型盆栽，且要有宽广庭园方可摆布。另有一种专作小品盆玩的石榴，因其枝干矮小，适作案头赏玩，更具姿色，惹人喜爱。清初《康熙御制盆榴花》诗云："小树枝头一点红，嫣然六月杂荷风。攒青叶里珊瑚朵，疑是移银金碧丛。"这大概是盆玩石榴最早的记载了。其品种亦有重瓣与单瓣之分，前者专作观花，后者花果并茂，更为赏心悦目。小品盆玩果石榴，有红花红实的；有花开乳黄，果由青绿色转成淡黄色的。成果后，如遇久雨，复经日晒，果皮容易裂开而早落。

果石榴生性强健，栽培容易，且适应性强，自五月开始，一面开花，一面结实，可延至晚秋。如能及时注意避霜，移放向阳窝暖之处，枝头所缀秋蕾，在大雪纷飞的隆冬季节里，还能绽蕊舒瓣（但不能结实了）；原先存下的果实，仍能常悬枝头，甚至翌春一二月，尚能殷红饱满如初。此时此景，花果并茂，更能使人感到赏心悦目。

盆栽果石榴很不耐寒，稍不经心，就会冻坏枝梢，重者冻死，轻者亦会影响来年花芽。盆栽果石榴宜栽植于疏松壤土中，性喜带燥，好肥，除在冬季施以腐熟基肥外，萌芽后，如经常追施以薄肥，则花蕾可不断丛生。花有雌、雄之分，雄花放足后，悉数凋落；雌花花蕾极易辨认，头尖底大，一般除受虫害或干湿不匀外，绝大多数能存果。为了不影响来年花繁叶茂，一般只宜选留三或四个。

繁殖一般都用扦插法，大都在早春萌芽前或黄梅、初秋之时进行插枝。先剪取强壮枝条，选留中间一段（起码要有0.2～0.3厘米粗），长七八厘米，剪口要求平而光滑，然后把它插入土质肥沃而疏松的壤土中，移盆于阴凉之处，每天浇水、喷洒，保持湿润环境。如用嫁接法，大都在萌芽前进行，以普通石榴（起码须干粗0.5厘米者）作砧木，在树势古苍植株的徒长枝或粗壮直枝上截断，用切接法之。这也是快速成型方法之一。用种子直播繁殖，可在果实自然成熟至蒂落后，收藏在干燥处。待翌春清明前后，弄碎果壳，直播匀撒泥中，然后再覆盖半寸细土，经常喷洒清水，约半月余，幼苗就能破土而出。如能再加以精心管理，大多数当年就生花蕾，只是不易存果。

石榴的整枝：如想使它长得形态自然一些，一般不必整枝，只需略微修除些过繁枝丫，以利通风透光。如需进行艺术加工，可把扦插成活的枝梢剪去，宜长宜短，要视树势和造型而定；如是盆栽老桩，则可在保持其原有主干和各分枝艺态美的前提下，适当加以轻剪。凡在盆面或根茎处萌发的强枝，除非必要，应一律剪除，否则容易引起树冠衰弱。

病虫害：有卷叶虫、刺蛾、尺蠖、蚜虫、白粉虱等。除用手提外，可施用乐果或二百至三百倍百分之二十五的滴滴涕乳剂，以及敌百虫等稀释液喷杀。

果石榴为果物盆栽中常见品种，流传极广。遗憾的是，人们惯以"洋种"称呼它，说"这是日本种，那是朝鲜种……"。其实，果石榴源于我国，日本种是在昭和初年由我国引种去的。当时日本出版的花木书籍中清楚地写明它"原产中国的南部地方……"。可见这是我们"娘家"人错把自己的女儿当作外人看待了！

青条朱实满庭秋——橘

　　橘，早在楚屈原《橘颂》中对其生态、习性就已有所描述，以后历代诗文中亦屡见不鲜。南宋韩彦直《永嘉橘录》一书，是我国最早叙述柑橘品种的一部专著。据书中记述，当时已有二十七个品种。到了清初，康熙在《御制盆中橘实甚繁咏此》中有"厥包禹贡自扬州，作颂骚人楚泽留。争似青条朱实好，移来满树洞庭秋"之句，可以说是记载橘实专作观赏盆栽的开端。

　　橘属芸香科之柑橘属，系常绿乔木。品种较多，果实大小不一，形状有圆或扁圆形，成熟时果皮颜色有红、橙、黄之分，成熟期亦有早有晚。

　　橘原生暖地，性喜湿润。盆栽橘入冬后即应移置室内养护，否则叶片受冻后，翌春不生花蕾。栽植在排水良好的砂质土壤之中，可保树势旺盛。春末夏初，在叶腋间滋生花蕾，色白，形小，花作五瓣，有芳烈清香，花后结实。

　　盆栽橘主要以观果为目的。为此，既要保持枝丛长势平衡，促使年年有适量挂果（还要根据树姿艺态考虑留存座果部位恰当与否），又要使枝干叶果并茂，相辅相成，成为色、香、美俱全的艺术花果小品盆栽。

从橘树习性来看，徒长枝和生长枝上都存不下果实，仅在主干上部分生出结果枝组的新梢上方能存留；长的结果枝存实可能性较大，短小或无叶的结果枝却往往花而不实。当年挂果的结果枝，除特别强健者外，一般次年不再孕花结果。所以，盆栽橘树在修剪时，对密枝、弱枝、下垂枝、病枝等应全部剪除。对生长枝和徒长枝进行重剪，以便蓄成结果母枝，而对结果枝一般只以轻剪为宜。当然，还要根据树龄、生长势的不同情况，灵活处理。修剪时间，如在温度较低的地区，以三月上中旬为妥；而在南部稍暖地区，二月份即可进行。施肥宜在冬末春初时进行，以腐熟有机肥料为好，开花时再追肥一次，以保花果繁生。

繁殖和病虫害防治，可按金橘同样处理。

宛若飞檐风铃——**胡颓子**

胡颓子，别名繁多，各地称呼不一，如雀儿酥、蒲颓子、卢都子、半含春、黄婆弥等。属胡颓子科之胡颓子属。

地栽者可高达三至四米，树性强健，喜稍肥沃的土壤，但在砂质土中生长较好。喜阳光，盆栽（尤其微型盆栽）略可耐荫。枝条开展，偶有刺针。叶呈椭圆形至矩圆形，互生，全缘，盆栽者一般长五厘米左右，叶缘波状，叶背作银白色，并缀有细密如尘埃状褐色点。深秋期间，从叶腋生乳黄色筒状小花，下垂，单生或成簇，有香气；花后结成乳头状果实，长约一厘米，翌春成熟时转为橙红色，缀满枝丛间，随风微颤，宛若飞檐风铃。

繁殖可用播种法，但以扦插为多。

一般在冬末春初移作小品盆栽。移植时，根系虽受创伤，但只要在保暖、湿度较高的塑料薄膜棚中放置月余，即能恢复生长。

病虫害主要有蚜虫、刺蛾等危害。

凉伞遮金珠——平地木

　　平地木，一名石青子，俗称凉伞遮金珠或地竹子等，现名紫金牛，系紫金牛科之紫金牛属，如草本状。为常绿小灌木。

　　原系山间野生，常集偏阴群岩石旁或树林下。株矮，仅十至二十厘米高。具匍匐茎。叶互生，椭圆形，长四至十厘米，叶缘有锯齿，常集生于茎株上端；深绿色，有光泽。六七月间，自茎梢叶间开白色花，合瓣花冠，花梗细如丝线状，常数朵聚集而生。花后结细小圆果，下垂，入冬后逐渐呈红色，经冬不凋。

　　喜阴湿，健生，栽植于腐殖土中易开花座果。作小品盆栽时，以丛植式为多；三五株挺斜相偎，疏密有序，配以小英石数块，极富自然景色。岁暮天寒时，有此红果绿叶小品盆栽，令人赏心悦目，是迎候新春佳节的赏玩佳品。

盆栽赏果妙品——**山楂**

　　山楂，古名甚多，如茅楂、羊梂、檕梅、赤瓜子等；俗称山里红、红果子，而在江南一带又称为野石榴。系蔷薇科山楂属，系小乔木或灌木。

　　山楂在我国栽培历史悠久，早在两千多年前的《尔雅》中已有记载。叶呈楔形，叶缘有锯齿，枝上多锐利针刺。初春时，花叶齐放。白色五瓣小花，排列成伞房花序。花后结圆形小果，果色因品种不同有红、黄、暗红、深红等色，果蒂稍深，果脐有短须。

　　盆栽多采用野生种，因它多为矮小灌木，枝干苍虬，生性特别强健，引种驯化后，矮仅数寸高的小树上，挂着累累硕果，秋深后转成紫红色。此后，小盆，矮桩，细果，彼此形型相配，确为掌上盆栽中的赏果妙品。

　　山楂性喜半阴，不耐过湿，所以应以泄水性强的砂质土壤栽植为好。又不甚喜肥，只需在冬末施些淡薄宿肥（以饼肥最好），否则反而引起枝叶徒长，不易生花。它的果实都由结果枝上的顶枝花芽存留（但，凡已结果的顶枝，次年不能再挂果），下部几芽却往往形成新的结果枝，翌春再在各顶芽开花存实。所以，在冬季修剪、整形时，应注意这种习性。

　　病虫害主要有蚜虫、红蜘蛛等危害。

满枝金秋色——**姬林檎**

林檎，原名来禽。因此树结果后，易招引鸟类啄食，故得此名。系蔷薇科梨属，为落叶乔木。

姬林檎是园艺变种，主要用作盆栽观赏。花、叶的生态和习性都与苹果树相似。四月发叶时簇生花蕾。果实直径约三厘米，入秋转为黄色，成熟后渐次脱落。

树势强健，性喜阳光和高燥之地；日照充足后，花芽繁多。除施足腊肥外，开花前后还应追施淡肥，以保座果率。

树形低矮，虽干高尺余，粗二三厘米树桩，只要水、土（以疏松土壤为好）、肥调节适当，盆栽多能繁花盛开，锦果满枝。秋风一起娇黄艳果尽收眼中，平添金秋景色。

繁殖，可用花红或野海棠作为砧木，芽接及枝接都易成活。

整枝时，只剪去衰老或过短弱枝和徒长枝，结果枝组不宜修剪得过短（盆栽姬林檎的结果枝，以五六寸的中长枝容易座果）。

清明时节灼灼其华——**寿星桃**

寿星桃属蔷薇科李属，系落叶乔木。

寿星桃，为桃树之园艺变种，树形特矮，专作赏果盆栽之用。性喜温和，好阳。通常用肥沃田土栽种，用砂质土壤更佳。清明时节，桃花怒放，花色有深玫瑰红和白色；花朵有单瓣和复瓣之分（白色仅有单瓣），都能结实，一般直径二三厘米。入秋后枝上腋间花蕾渐显。此时，盆土宜带干些，否则容易引起秋梢生长，徒耗养分，有碍次年开花结果。盆栽小品（尤其掌上盆栽），由于盆小土少，在霜降后即应移置向阳窝暖处，入冬移放室内。但室温不宜过高，一般在不结冰的温度下最为适宜，否则容易引起过早萌芽，提前开花，不能存实。如任放露天，又易受冻害，轻则花蕾萎掉，重则冻坏根须、枝干，造成死亡。整枝一般在初冬进行，除修剪掉有碍树姿艺态的枯枝、徒长枝（应短截，养蓄成结果枝）和杂乱繁枝外，一般可轻剪枝梢先端部一二芽。盆栽三四年后，应翻盆换土重栽。施肥主要在腊冬时浇些腐熟有机肥料（如粪尿、饼肥等），确保翌春生长健旺。开花时还要适当疏花、疏果，以免植株输送养分的负担过重，有碍植物生理代谢作用平衡，并可使挂果部位恰到好处，辅增盆栽艺态美。黄梅前，追施淡肥一次，有利新枝、嫩梢充实，幼果饱满。

繁殖可用芽接（在七八月间）、枝接（二三月间）。成活后先在泥盆中养护一年。初冬时根据树姿和相配盆钵的形状大小，缩小根须的泥垛进行翻种，并趁手加以造型。小品盆栽寿星桃的桩景，宜采取直干或斜干式，且盆钵最好不选用浅薄形，保持较厚的土层，以利根须舒展，能充分吸收养料，促使枝壮叶茂，花蕾饱满，硕果悬挂，不致早落。

病虫害主要有蚜虫和果蠹蛀食果实。另有流胶病，发生后，立即将附着胶物削净，并稍微刮去树皮，用石硫合剂涂抹患处。

绿叶扶疏　圆果鲜丽——天竹

天竹，常被爱好者认为是岁暮天寒时最理想的玩赏隽品之一。

天竹，亦名天竺、南天竹，又名大椿。属小檗科南天竹属，为常绿灌木。干直少分枝，叶羽状复生。黄梅时节，从枝梢叶簇中抽出圆锥花序，花色白，细小。花后结成黄豆般大小的绿色圆果，经霜逐渐变红，入冬后殷红璀璨，经久不褪，令人炫目。它性喜阴凉恶湿，宜栽植在疏松的腐殖质土和砂质壤土中。平时一般不用多施肥料，只需在腊冬时施足腐熟稀薄饼肥，翌春就可枝繁叶茂。但盆栽天竹不易开花存实。为此，可在冬末将瘦弱老株短截（仅留三四寸），待来春重发或从根际萌出强壮新枝，往后孕花机会就会较多。存实后，为避免风吹摇落或鸟雀啄食，除用细竹撑抉外，还须用竹丝构成套框，糊上透明薄纸或纱布，以为保护，方能硕果满串。

天竹之品种可分两大类：

（一）观叶种　此类不结实，专供观赏其奇特叶形和多种叶色之用。近代日本园艺界选育出许多名为琴系南天品系，干矮，枝叶细柔或卷曲，或叶色多变，典型的如枝、叶都卷曲的"折鹤筏"，叶极狭凹细小的"玉鹤"，丝状叶形的"曾我筏"等。

（二）观果种　我国主要有红、黄两种。而红果种又分狐尾种和狮尾种。前者穗长，果密；后者为健花性，穗短实大。黄果种中亦有长短果穗之分。除此之外，另有一种入冬后叶色转黄者，更属罕见。

繁殖一般多用分株法，在春初时进行。即使根系受过严重伤害，只需移放在阴凉湿润地方，细心养护，仍能极快恢复生长。扦插，可在黄梅时期剪取隔年壮枝（中间一段，约二三寸长），或当年已呈半木质化的嫩枝。扦插在湿砂或疏松壤土中，保持湿润，经月余，叶簇微透新芽，即已成活。或可待子实成熟变黑后，收集播种在疏松土壤中，到清明或黄梅时可相继萌芽生长。

病虫害较少，偶尔有介壳虫为害。

天竹生性强健，容易成活，盆栽中常见已呈半枯老桩，仍挺姿勃勃，一派潇洒风韵。而在小品盆栽中，亦常能以干粗如拇指的小桩，制作成屈曲盘根、桩身古朴、劲枝横斜、绿叶扶疏的景象。也可以将成活插枝移植于直径四五厘米大的微型盆钵之中，精巧细致，颇受赏玩。

苍翠金黄相映成趣——**金橘**

金橘,一名瑞金奴,别名给客橙,俗称金弹子。系芸香科之柑橘属,为常绿小灌木。原产暖地,性喜凉爽,畏寒。入冬后应移放在10℃左右房内养护,方符合其生长习性。宜栽植在疏松土壤中,尤以腐殖土为最好。初夏叶腋间生发花蕾,开白色五瓣的小花。花后结果,果大如算珠,呈墨绿色,有圆球形或扁圆形。深秋后,逐渐转橙黄色;入冬后,又变成金黄色,经冬不落。皮质有甘味且带清香,压扁后放入蜜糖液中可渍成金橘饼蜜饯,食之别有风味。历来深受喜爱,宋杨万里咏蜜金橘诗:"风餐露饮橘中仙,胸次清于月样圆。仙客偶移金弹子,蜂王撚作菊花钿。"对它的果小、色美、味甘都作了描绘。冬末春初,果实逐渐萎蔫脱落。

清明时节,气候转暖而少变,方能移置室外栽培。此时,如泥质不好或已三五年未曾翻盆,应另换新土重栽。趁手施足腐熟饼肥或人粪尿等,接着把枝梢剪短,去弱留强,促使日后长出健壮新梢,多孕新蕾;花蕾期间再追薄肥一次,确保坐果率。但果实大多在初冬时就要凋落,为了延长挂果时期,可把这些花朵悉数摘除,盆土应稍微干些,待叶片微呈萎蔫状态时，再浇足水、肥，约在农历六月初，能重现花蕾。结实后，延至春节，依旧灿然挂满枝头。在隆冬少花时际，将金橘放置几案作室内点缀，实为赏果的上好盆栽。

繁殖多用枸橘或香橼作为砧木，进行嫁接，成活较易。

病虫害主要有介壳虫、煤烟病，可用药液喷杀。另外，五月至十月初，常有花椒凤蝶幼虫为害叶片，可用一千二百倍百分之八十的敌敌畏乳油或二百五十倍百分之二十五滴滴涕乳剂毒杀。亦可捉蛹、捕杀幼虫。

金橘盆栽后，树矮实小、叶短，挂果久长，最宜作为小品盆栽。数寸小盆中锦果满枝，如加以艺术造型，更觉雅趣浓添，耐人寻味。

还有一种名为金枣者，又称罗浮、牛奶金柑（状似牛奶头），俗称金豆。原产我国，为常绿灌木，长椭圆形或披针形叶。此花盆栽较金橘广泛，遍及各地园林，民间常有此种。

金枣的生长习性、栽培管理、繁殖、病虫害防治等，均与金橘相同。

古桩新枝玛瑙珠——**冬珊瑚**

冬珊瑚，俗称玛瑙珠或洋金豆，原产巴西，属茄科，小灌木。

冬珊瑚性喜半阴，畏寒，霜降前即应移放室内养护，否则，果叶容易凋枯。嫩枝上丛生绒毛，花、叶都像辣椒形状。六七月时，叶腋间生出花蕾，花小色白。花后结成细圆小果，直径约0.5厘米，入秋后逐渐转橙黄而至鲜红色，圆洁光亮，经冬不凋。次年春初，红果萎凋。清明时移放露天培养，并同时把枝条短截（仅留老干、粗枝），萌发嫩枝时，就势攀扎造型。施肥宜在春初，以稀薄宿肥浇灌，存果后即应停浇。

繁殖可用种子播种（春、秋都可），极易出苗，或剪取充实枝条进行扦插播种（冬季在温室内扦插亦可）。

病虫害较少，偶有棉铃虫幼虫为害嫩叶，可用百分之九十晶体敌百虫八百倍液，或百分之八十敌敌畏乳剂一千至一千五百倍液，间隔七八天喷洒一次即可。炎夏高温时期，切忌受阳光照射；否则，果、叶易受灼伤，并逐渐凋落。

冬珊瑚抗逆性较强，除利用多年生粗干桩姿和新枝攀扎成艺态外，又可把二年生株本移植在三四寸小盆中，使它长得盘曲多姿，硕果累累。冬日置之室内赏玩，显得艳丽夺目，奇趣独具。

王者之香——兰花

兰花是我国著名花卉之一。它清高坚强的品格，卓越潇洒的风姿，赢得人们的喜爱。古书《珍珠船》中曾写道："世称三友，竹有节而无花，梅有花而无叶，松有叶而无香，唯独兰花兼而有之。"又因兰香清幽溢远，所以自古以来就被誉称为"香祖""王者之香""天下第一香"。

我国种植兰花的历史相当悠久。早在唐代，就开始养兰。宋元之际，栽培兰花的技术已有发展，且对兰、蕙作了明确的区分："一干一花，香有余者，兰也；一干五六花，香不足者，蕙也。"明代著名药物学家李时珍对兰花的许多品种曾作了详细的考证和解释。及至清代，艺兰技术又进了一步，涌现了许多具有丰富经验的艺兰家和有价值的兰谱书。

在科学分类上，我国的兰花主要是指兰属的地生兰，系常绿宿根草木。我国盛产兰花的地域广大，遍及江苏、浙江、福建、广东、云南、贵州、江西、湖北、甘肃、安徽、四川、台湾、西藏（察密禺、波密等地）。按花期，在二三月间开花，一茎一花者叫春兰；四五月间开花，一茎数花者叫蕙兰，六七月间开花，一茎数花者叫夏兰（其中以建兰为主）；中秋时节开花者叫秋兰（以台湾、福建等地出产的龙岩素、观音素、铁骨素心、十三太保素心和十六罗汉等为主）；腊冬时令开花者叫寒兰；农历正月开花者叫报岁兰。

在这些种类中，尤以江浙一带所产兰花花形多变。根据其花瓣的形状可区分为梅、荷、水仙、素心和奇瓣等五大瓣型。例如：三瓣短圆，捧瓣起兜，唇瓣舒直，状如梅花花瓣的称为"梅瓣"；三瓣厚大宽阔，捧瓣不起兜，唇瓣特别宽大，状如荷花花瓣的称为"荷瓣"；三瓣狭长厚实，瓣端稍尖，捧瓣略兜，唇瓣下垂或卷曲的称为"水仙瓣"；唇瓣部位没有红色斑点的称为"素心瓣"；花瓣或唇瓣不规则的称为"奇瓣"。

这五大瓣系品种中的上品，还需具备色、肩、捧、舌等四个条件。"色"是说绿花中以嫩绿为上品，老绿和黄绿为次品，赤转绿为下品；赤花中以色泽俏丽为上品，色泽昏暗而泛紫色的为下品。"肩"是说以左右两副瓣呈水平一字形的为上品；两瓣微向上翘的叫飞肩，属珍品；两瓣向下的叫落肩，属下品；两瓣大幅度向下的叫"三脚马"，属劣品。"捧"是说花中间两片合抱内瓣，光洁质糯，如软蚕蛾捧者为上品；呈阔观音兜，僧鞋菊捧者为次品；呈挖耳捧、硬蛾捧者为下品。"舌"即唇瓣，以呈双舌状的为珍品，呈大如意舌、刘海舌、大圆舌的为上品；呈小如意舌、方胜舌、方板舌的为次品；呈缺舌、尖如意舌的为劣品。

另外，还要联系花梗长短。春兰宜高八九厘米，蕙兰以细圆且高达三十厘米最为标准。蕊柱（俗称鼻）要小，方能使捧瓣窠紧，花容端正。

种植好兰花，一般是不太容易的，过去曾有"伏盆兰花"之说。但如果掌握了它的习性，也可以说不难。兰花适宜生长在阴凉、透风的酸性土壤中。它的根是肉质气生根，在移栽前，需先将残断或已死亡的空根剪除，在阴凉透风处放置一天左右，待其伤口自然愈合后种植。盆栽时，则先在盆底漏水洞上用蚌壳或碎瓦片交叉重叠垒起，放入豆粒般粗土，再铺入一层细粒泥，成尖塔形，而后把兰根顺势放下，灌入松泥（腐殖土），用手指沿着根部四周轻轻地小心培壅。盆面应堆成馒头形，上面铺敷些青苔或翠云草（俗称百脚草），以防雨水冲掉泥土，并可增加美观。然后用细孔喷水壶逐次喷水，浇透为止。但如在冬末春初进行盆栽，则在浇水后须等兰叶上的水渍晒干后方可移植室内，否则其叶片和叶鞘内易发生腐烂而使整株死亡。在兰花含苞待放时，不宜放在阳光下直晒，不然有枯萎的危险。刚从市集买回的落山新花，发现萎蔫状态，这是缺少水分之故，可用粗草纸或长布条缠在花梗上，下端浸入容水器中，增加湿度，仍能开放出秀姿馥郁的花儿。至于给兰花施肥，则更有讲究。它最忌施人粪肥，可将青草、菜皮、蚕豆壳、笋壳或蚌肉沤制一个月左右，使其彻底腐烂发酵后使用。给兰花施肥，一般宜在花后进行，秋季可以再施一次。

盆栽兰花，在江南来说，不论春兰和蕙兰一般都应在农历雨水（如气温偏低，惊蛰时方能移出）节气时放到室外，至霜降时搬回室内防寒。春季需每日清晨浇水一次；盛夏季节须用帘子遮阴，切忌暴晒，并需早晚浇水，中秋节后就可不必遮阴了。

兰花的虫害，主要是寄生叶片上的兰虱，可用指甲或软刷轻轻刷除或刮去。如发现叶上有黑斑，可能是过肥、过湿或受空气污染所致，可用硫酸尼古丁稀释液逐片揩抹数次。如在盆面发现有白蛛网状蔓延物，应及时剔除，并挖至根部，将菌丝体摘除，否则不几日会使兰草枯萎死亡。如有蜗牛、蚂蚁侵入，也应及时灭除。

刚买回来的野生兰花，不要随即盆栽，宜按上述方法修剪后，置于保暖潮湿环境中（根系坐在湿泥面上或用潮湿青苔草包扎住），待至花蕾渐长时，方能种植，这样比较易于成活。

作小品盆栽，以春兰为最好，因花小茎矮，根系细短，容易驯养成小品。例如具有瓣型的老品种"盖荷"，叶长仅六七厘米，花茎高三四厘米，极富玲珑精巧之趣；野生种中细短者亦多，选其根系健壮、叶束稍多者，栽植于浅长小盆中，旁立灵石一二，构成盆景形式，堪称佳玩。另一种，还可养殖在浅水盆中（盆中只微贮薄水），安放在阴湿地方，照常能健壮生长，但须精心养护，否则难以复花。

四季苍碧兆吉祥——**万年青**

万年青，在我国自古就已盛行盆栽，江南一带尤甚。由于它四季苍翠常青，入冬后细圆朱实璀璨，红绿相映，经冬不凋，故俗称万年青。民间"造屋移居，行聘治圹，小儿初生，一切喜事，无不用之，以为祥瑞之草"。用万年青作为吉象瑞兆的习俗，至今犹存。

万年青属百合科之万年青属，为多年生宿根性常绿草本。

万年青叶呈宽阔披针形，叶长数寸到尺余，丛生在粗短的地下茎上。春末夏初，叶束中央抽出花轴，高二三寸，簇生淡黄带微绿小花，排列成穗状花序。花后结实，入冬后转为红色，黄色者属罕见品种。我国常见品种，主要有全绿和白镶边两种。日本对此类研究颇深，在二百多年中，培育出一百多个园艺变种，叶型分大叶、细叶、中叶、圆形叶、立叶、卷叶、汤匙形叶、折叶、曲叶、雀嘴状叶，以及从叶片中脉的一面或二面衍生出细狭、长短不等的小叶，称为"甲龙"；叶色分深白色、浅白色镶边或奶黄色条纹、斑、点、块等，更有叶片中脉呈红色的"红流"珍种，蔚为大观。他们还专门设立万年青协会，每年举行展览，屡有新颖珍奇品种作出，深受日本人民重视。

万年青性喜阴润，宜以腐殖土（俗称兰花泥）栽植。须有良好通风环境，方能生长健壮。开花时切忌受雨淋，否则不易存实。每年自春分或秋分前后可以进行分株繁殖，如根茎（芋状）着土处发出芽状幼株，可沿老茎处，用利刃切下（略带侧根，容易成活）；或在芋状根茎末端部位，连带芽点和根系切下，上部茎株仍带有侧根系，以便两部分都能成活分栽。放置在阴凉处，待其伤口呈愈合状态时，再栽植土中。

此时盆土宜稍干些，及至芽点伸展或叶束中新叶渐透时，方按日常栽培法管理。施肥恰当与否，对万年青生长和来年孕花都有着一定影响。一般情况下，施肥以薄肥勤施为好。第一回，可在春分前进行一两次，梅雨时期为生长最旺盛期，每一星期施淡肥一次，盛夏时停止；秋分后再施一两次，肥料以绿肥或豆饼类最为适宜。进入寒露节气，就必须移放在朝东南向处，使其稍受阳光照射。霜降后，又要搬回室内养护，否则叶缘、尖部容易焦黄，或叶面易呈干僵状态，受冰冻后，更易枯萎。

盆栽万年青，除单株或丛植外，又可与吉祥草、松柏等配植一起，构成艺术盆景，又含瑞兆吉祥寓意。小品或掌上盆栽，都以单株形式栽植。

主要病虫害：如受阳光直射过多（盛夏时，切忌炎阳，以防灼伤叶片），叶面容易发生枯斑而引起僵缩。久雨中，心叶常发生软腐病，应及时移放透风避雨处，并将腐烂部位割除。长时在阴润环境下培养，常滋生介壳虫，除用软刷或指甲刮除外，可用一百至一百五十倍二十号石油乳剂杀除。蜗牛喜食嫩叶，可用药剂喷杀，亦可捕捉除去。

瑞气盈浅盆——吉祥草

吉祥草为我国民间庭园中常见的盆栽草本植物之一。叶似幽兰，青茎柔叶，终年常绿，栽植于水、石、土中都易成活。民间传说，花开则主吉兆，故名之为吉祥草。此草虽容易繁殖，但要在满盆葳蕤的情况下才能作花。工余之暇，多加管理，就能使茎草增多，根势壮健，着蕾生花就指日可望了。

吉祥草属百合科之吉祥草属，为多年生宿根草本。

吉祥草性喜阴湿，宜用砂质壤土栽植，在气温15℃左右生长最健。短小细茎大多匍匐在泥土表面，丛生出狭尖叶片，高数寸到尺余。晚夏期间花茎自叶束中抽出，成穗状花序，瓣被六裂，内白外紫，生于花轴下部的多为两性花，上部的为雄花，微有清香。花后结红紫色的浆果，成熟后可播种，但需待二三年后方能长大成丛，故一般都不采用。繁殖可在叶束繁多时，择阴湿天气进行分茎。在日常培养中，最忌任受阳光直射。

小品盆栽吉祥草要放置在较密的芦帘阴棚下养护，且要保持土壤湿润，如过干，会引起叶尖焦黄，逐渐萎缩，甚至整片枯萎。霜降前，即应移置室内；如能在玻璃温室中栽培，叶丛苍翠嫩俏，新叶能不断萌发。不宜施肥过多，只需在腊冬之际，浇灌些稀薄宿肥，切忌在萌发新叶时施肥，否则新叶容易发生萎枯而死亡。

主要品种是全绿色吉祥草。另有一园艺变种，叶片呈全乳黄或镶嵌条纹，或黄白参半，双色斑斓，分外绚丽；惟此种变叶品种，如空气湿度过大或土壤水分过多，或稍受阳光，叶尖、缘极易萎腐，尤在黄梅时，慎勿淋雨过多。叶变茎株丛，绿色优势特强，为了保持叶变茎株稳定和循循不息，应经常删除部分全绿色叶束，否则不经年余，变色茎株渐少，甚至会极快湮没。

吉祥草须防范介壳虫危害。此虫常聚在茎叶两面，可用软刷刷除，或用指甲轻轻刮去。另可用药棉蘸浸稀释的一百至一百五十倍二十号石油乳剂逐片揩抹除尽。民间常用鱼腥水或烟丝浸出液揩除，亦见成效。

小品盆栽吉祥草，宜选用茎短叶狭者二三株丛植，间插小石笋数段；或在椭圆敞口浅盆中，附插灵芝一二，颇能显得色调和谐而又富有古雅风趣。

层出不穷凉意浓——**芭蕉**

　　芭蕉别名很多，如甘蕉、芭苴、绿天、扇仙等等。它属芭蕉科之芭蕉属，多年生宿根草本，为我国自古已有的植物。早在屈原《九歌》中，就有"传芭兮代舞"之句。在我国南方，芭蕉作为经济作物，果实类香蕉；在各地庭园中亦常作为观叶植物。暮春之际，自圆粗数寸之草质茎中，抽生出长大宽阔的叶片，长一米有余，叶脉粗大，两侧各出乎行肋脉，一叶接续一叶，挺拔而生，继而曲垂，如张翠幕，顶着烈日，迎风摇曳，予人以清凉之感。又因它那绿油油的嫩色，叶姿婀娜，每当骤雨扑打蕉叶，便发出铮铮脆声。面对此情此景，历代骚人墨客，不知抒发过多少激情，作出过多少名诗佳画。如唐代白居易的"隔窗知夜雨，芭蕉先有声"，宋代陆游的"茅檐三日萧萧雨，又展芭蕉数尺阴"，元代黄潜的"芭蕉叶间露，风过皆成声"等名句。

　　芭蕉性喜温暖，适应性较强。在我国中部以北，因气候不够温暖，无法孕花结实。除作地植美化庭园外，可在发芽抽叶前，沿着老株残茎周围挖掘衍生的细小茎根，移作小品盆栽。如嫌茎干粗大，可齐盆面截去一段，稍后，仍能从茎鞘中抽出新叶，而茎干、叶片则能变得低矮细狭。此后要注意防风，以免折碎蕉叶，有损叶姿完整柔美。日常须放在阴凉处养护，保持苍翠。盆中最宜布置二至三株，并可敷设灵石一二，添放陶质人物，若坐若立，或有小禽觅食石际。总之，视株干高低、盆域大小、幅面虚白多少，配置恰当，构成相辅成趣的静幽图景，那就堪称妙品了。

芭蕉畏寒，进入深秋，即应把盆栽移放室内过冬，以免冻伤茎根，否则，来年不是受害枯死，就是新叶瘦黄袅弱。

盆栽芭蕉逐年繁生新苗，越生越小，因此要每隔两三年翻盆一次，剔除衰老或过密株干，保持布局清新、合式。芭蕉小品盆栽，既要保持其形小，又要不失蕉叶风雅的柔姿，一般只需在腊冬或萌芽前略施些腐熟稀释的绿肥，使叶丛苍翠润嫩，植株强健，饶有小中见大之趣。夏日案头陈置一盆，大有绿扇动凉阴的意味。

犹有傲霜枝——**小菊**

　　自然界的一草一木，与其周围环境变化及季节变换都有着密切的联系，并且很多是富有某种象征意义的。每当看到菊花盛开，人们心目中就会立刻意识到秋深了，联想到工余之暇，聚亲邀友持螯赏菊、娱畅心志的生活乐趣。也会联想到自古以来我国人民惯以"黄花晚节"比拟永葆坚贞志气和高尚品格的民族气节。然而却很少想到这些满蕊黄花的单瓣小菊，是经过千百年来的辛勤培育，不断发展而成的。

　　菊花，自古以来就是我国名花之一。菊科菊属，属多年生之宿根草本。每逢金秋季节，园林之中，菊花盛开，五光十色，灿如云锦，真可说是菊花世界。随着节令时序的推移，西风一紧，菊展逐渐结束。当此之时，如能有几盆冷艳的盆栽小菊，仍兀立在一片残蕊抱枝之中，留住几分秋色，确实别具风趣。

　　小菊盆栽，必须经过特别处理，方能如愿以偿。其法：在盆菊花蕾初现如黄豆般大时，选取圆整、饱满、近根茎处小枝的顶花蕾，或枝腋间生出的带蕾小枝，摘下扦插，移放阴凉地方，每日喷洒叶水数次，注意保持土壤疏松湿润。及至花蕾长大，萼破露色时，才证明泥中茎枝断面已愈合并长出新根，此时，就可翻盆，逐株分植在彩釉、紫砂、细瓷等各式造型优美的小盆中。也可将数枝丛植在浅长盆中，以高低参差、疏横竖斜形式偎依着玲珑剔透的小石，盆面敷上青苔，构成具有诗情画意的小品盆景菊，点缀室内，趣味盎然。或可配置在挂满累累朱实、苍干虬枝的枸杞小树桩旁，盆侧贴上标名"杞菊延年"蜡笺题字，象征着美好生活。这种新情新景、新物新意的艺术盆玩，意义深长。

除用带蕾扦插法外，又可在黄梅末期或初秋之际，摘取菊芽嫩头，扦插繁殖，待其成活后分盆，经遮阴数日，使其根系恢复生长后，移放在向阳窝暖处（但在立冬前就应搬到地箱——即土温室，或玻璃暖房中培养），细心养护。早扦者，约临近元旦时始能盛花；晚扦者，竟能延迟至腊冬岁暮之际才绽蕊舒瓣，傲然挺立。此时此景，颇合古时诗人笔下"不许秋风常管束，竞随春卉斗芳菲"的幻想，而今天人们运用智慧，巧夺天工，把古人的幻想变成了现实，真可谓"菊残犹有傲霜枝"了！

匍茎纤毛似狼尾——**阴石蕨**

阴石蕨，一名白毛岩蚕，丛生山野背阴处或石岩上，匍茎四出，缀有鳞片状银白色纤毛，节节生根，附石垂悬，酷似狼尾，故俗称狼尾草，日本名之为琉球青根。

阴石蕨，系骨碎补科之阴石蕨属，为蕨类植物。

盆栽时宜用高深盆，便于长垂，但亦可把多株细茎缚在预制模型上（先用蕨草扎成模式），攀扎成各种飞禽走兽形状，可使其栩栩如生，别具风趣。其品种有大小两种：大种茎宽二厘米余，小种仅宽一厘米许。

繁殖可用分茎法。

翠蔓频添金珠簇——**金银花**

　　金银藤是我国庭园中常见的缠绕藤本。柔枝细蔓，青紫色的嫩茎，覆披纤毛，到处延伸，随物攀附，藤性坚韧，可长达数十米。叶作卵形或矩圆，长三至八厘米（盆栽后变小），嫩叶表面微有毛茸，着节对生。入夏后，从枝节叶腋间抽出一蒂二花，着花累累，香中带甜，形如细小长筒，花冠主瓣上翘（阔约一厘米），瓣顶缘有四裂浅痕，下垂一片丝状瓣作唇形，花须伸出花外，酷似粉蝶栖歇枝叶丛中。盛开两三日后，由白转为金黄色，此起彼落，黄白二色纷杂柔蔓丛中，金银花或鸳鸯藤之名遂由此来。由于它的老叶在入冬后凋落，叶腋间旋又萌发出新叶，凌寒犹存，故别名忍冬；它的藤蔓习性左缠，又名左缠藤；此外，还有通灵草、蜜捅藤、鹭鸶藤、老翁须、金钗股等别称。

　　金银藤属忍冬科之忍冬属，为半常绿藤本。金银藤在我国中部各省山林间野生原种极多，庭园中除常作为依附老树、假山等攀缘藤萝点缀夏日景色外，或作荫棚，或使之攀附墙垣或绿篱，取其藤萝掩映之趣。经过人们不断的精心经营，已培育出多种园艺变种，如叶面脉纹呈淡黄色的花叶金银藤，紫脉白花瓣缘微有紫晕的紫脉金银藤，花色红中带紫的红色金银花。更有一种异品，花期可延续至秋天的四季金银花，可惜此花花香不浓。

金银藤生性强健，对土质不甚苛求，但不宜栽植于过燥、过湿或偏阴之地。在腊冬或春盛后常施稀薄宿肥，入夏后定然花繁叶茂。日常由于藤蔓纷披，交结过密，影响通风透光，故而易生蚜虫，应及时用一千五百至二千倍乐果稀释液喷洒。花后结成黄豆般大的黑色圆果，可供翌春插种；亦可用扦插、压条、分株等法繁殖。

在盆栽界，常取其扭曲多姿之老桩，截干蓄枝，促成蔓条纷垂，配以形状古雅优美的高深盆盎，并使枝蔓偏垂散披一侧，疏密有度。除具婀娜风姿外，并伴有四溢之清香，给人以姿香俱美的享受。

盆桩经不住严寒冰冻，入冬后必须搬进室内养护，否则易遭冻害。

百尺蔓柔翠——**凌霄花**

凌霄，为我国特有蔓性藤本植物，山野间干本粗壮如臂者甚多，在各地园庭中亦常能见到。它们依附老树奇石，靠着枝节间的细密吸根随处附着，缠绕直上，伸展长可数丈，翠蔓纷垂。入夏后，枝梢间抽出花序，着蕾十余朵，渐次循放。花冠为合瓣，先端五裂，作唇状，花筒长二寸余，朝开暮落。由于新梢生长极快，蔓延丛生，不断透出新生花序，故花期可达夏末秋初。

凌霄古名甚多，如紫葳、陵苕、女葳、武葳、瞿陵等，更有"鬼目"之称。属紫葳科之紫葳属，落叶藤本。

凌霄品种，主要有中国种和美国种。至于近代发现的欧洲和热带非洲种，则系由我国传去，历经地理和自然条件影响，逐渐演变成为园艺变种。我国凌霄有着明显特征：枝干粗，花序上着生花朵较疏，花冠大，花筒短，色橙红，俗称大花凌霄。叶子由五到九枚小叶组成羽状复叶，光滑无毛。美国凌霄，花形略小，花筒却长，色泽鲜红，枝干纤细，叶子由九至十五枚小叶组成羽状复叶，有毛茸。至于欧洲种，则枝干更为细长，花形尤小，颜色黯淡。非洲种，呈灌木性，炎暑期间盛花，作橘红色。冬季必须移置温室中培养，否则容易冻坏。

凌霄虽属藤本，如经截干蓄枝，只要干本折屈古苍，枝条扶疏有致，亦可成为盆桩佳品。又可选择具有略带曲势的虬枝，或压条，或扦插，极易成活。移栽在合式的小盆中，高不盈尺，新蔓交纠垂悬，亭亭如盖。勤施薄肥，照样着花。或可先在稍深小形长方盆中，置立一块具有丘壑孔洞的山石，或前或后植一矮干；待新蔓繁生时，选一壮条，乘其柔蔓可弯时，回穿洞隙间，形成虬枝交柯，绕石横生，枝梢层层，叶丛片片。再加以删繁就稀，使纤枝垂软，妖娆多姿，在嶙峋瘦石的陪衬下，极富艺趣。

亦可选一隔年扦活小枝，在其根系中嵌入细小灵石，裸露盆面，根须仍纳入泥中；日久后，给人以盘根错节、虬枝横空的苍古意境（也可利用根蘗，分出小株，如法炮制）。倘作掌上盆栽，风味别具。只是盆域太小，蓄泥又少，经不住过多阳光照射。若移置荫棚下养护，虽然翠绿葱茏，却又有违其喜阳习性，难以令其着花。

寒藤依然翠羽盖——**常春藤**

常春藤生性滋蔓，借气根攀缘树木或附壁直上，又多垂蔓披散，绰约可爱。常被引作庭园中墙垣、假山、老树等处点缀之用。

常春藤系五加科之常春藤属，为常绿藤本。

习性喜阴凉，但适应性较强，地植者能耐严寒。老藤粗如手臂，虬曲蔓延。叶互生、革质，有全缘或数裂。秋季开淡黄色小花，两性，呈伞状花序单生或呈总状复花序。花后结细小圆形浆果。

常见主要观赏品种有：全深绿色常春藤，叶片多呈三至五浅裂，基部截形或心脏形，叶缘微有波状，脉络青白色较显著，叶面常复有紫红色晕，经霜后更多，果实为橙黄色。另有一种，叶面上浓碧、浅绿、乳白色杂晕其间，或有全乳白色叶，叶缘偶有淡紫色微晕，经霜后涉及叶片更多，故在日本又称为五色叶，花后果实为黑色；该品种有大叶与小叶之分。

繁殖可在早春或黄梅期间选取隔年生茎蔓扦插，成活较易。

　　引作小品盆栽时，宜用疏松砂质土壤或腐殖土，栽植高深盆中，以悬崖式最耐观赏；如用圆盆，可用两根细竹的各自两端沿盆壁插入泥中，交叉构成十字形长圆框架，使藤蔓盘旋缠绕其上。可长供室内，为室内主要观叶植物。

　　病虫害主要有介壳虫。

清香远溢竞芳菲——**络石**

　　络石，俗称风转转花、白花藤等。系夹竹桃科，常绿藤本。

　　原产我国，山林间常有野生种，藤蔓细小，暗紫色，嫩梢上多茸毛。蔓延石上的叶细，绕树的叶大而薄，单叶对生，叶椭圆状披针形。五六月份在叶腋间开白色小花，花序聚伞状，花瓣四片，裂片反卷，清香远溢，足可与幽兰之清香媲美。夏初，根际常生萌蘖，新蔓生长甚速。

　　络石耐寒、湿，对肥土要求不严，喜阴凉环境。品种有大叶和小叶之分；秦岭山区野生者，叶较短阔，叶面上带紫红色晕，花尤瘦小。

　　繁殖，如用压条，在早春时压隔年老枝，在黄梅时压强壮新蔓（中段部分），都易成活。

虬蔓纷垂青萝悬——**薜荔**

薜荔，早在楚屈原所作《离骚》《九歌》《九章》中就屡有提及。它原生山野间，常攀附树木或岩石随势而生。人们常使它缘壁蔓生，虬枝纵横交结，缀满苍碧小叶，覆盖粉墙，四季不凋，形成葱绿翠墙，故常被作为点缀庭园墙隅的藤本植物之一。

薜荔系桑科无花果属，为攀缘灌木。

习性喜阴湿，对土质要求不严。藤质坚韧，蔓上丛生吸根，附吸牢固，蔓延甚速。叶呈椭圆形或带尖形；叶色全绿，脉纹较深，亦有经霜后转红晕者。叶有大有小，大者二三厘米长，小者约半厘米。由于它生性强健，既耐干湿，又不畏寒暑，为小品盆栽藤蔓类中堪玩之物。如作小品盆栽时，可把茎粗如手指般盘曲的藤桩挖出，在适当之处短截蓄蔓，移栽盆内；或在黄梅时，选取姿形多曲小蔓，剪成数寸长，扦插阴湿土中，月余即可成活，而后移植寸余宽盆中，藤蔓虬舞纷垂。甚至可作细微指上盆栽，青萝悬出，生机勃勃。日常不必施肥，反能使之蔓纤、叶小，常显出袅袅风姿，逗人喜爱。

病虫害，主要有介壳虫为害。

霜重蔓遍红——**爬山虎**

　　爬山虎系葡萄科爬山虎属，为落叶藤本。

　　爬山虎之藤蔓质柔，满生吸根，生长甚速。嫩蔓呈淡红色，有卷须，叶变异较大，一般多为阔卵形，长、阔十厘米左右，三裂，叶面有微毛，叶缘作锯齿状，微有缺刻；细蔓上多单生小叶。初夏时开淡果绿色小花，花序聚伞状，杂缀叶丛中，可惜没有观赏价值。花后结细小圆果，入秋后变为蓝黑色。

　　生性顽强，耐干，对土质、肥料要求不严。枝蔓附壁伸展迅速，叶丛密布，几年后，常能把单墙或整宅外壁全部覆盖，使之翠叶满舍。微风吹拂，似绿波起伏，炎夏季节，能带来无限清凉之感；经霜后，叶色由黄渐转鲜红，又成一派斑斓秋色，别具静幽之趣。

　　繁殖，可在初春时剪取隔年生枝蔓，扦插砂质土壤中，移放阴凉之处，保持湿润，极易成活。爬山虎盆栽后虬藤低垂，形姿潇洒。倘用白色瓷、釉之盆钵栽植，更能显得色调清新而明快。由于新蔓滋繁，长势快，应随时删密就简，保持扶疏低垂，方显得姿韵娉婷。

　　病虫害极少发现。

清凉之花——碗莲、姬睡莲

　　在烈日炎炎的盛夏季节里，能有几丛翠绿摇曳、亭亭玉立的藕花，却可以带来阵阵的清凉之感。

　　莲花是一种适时消暑的佳品。普通莲花广植荷塘，一片翠盖，迎着朝露，如青盘滚珠，朵朵粉花，嫩蕊摇黄，确是迷人景色。名花虽好，岂能缩之案头清供？巧夺天工，竟有碗中之莲！

　　(一)碗莲属睡莲科之莲属，多年生宿根草本。碗莲相传出自安徽某山寺中。此物甚小，藕的长度仅二三寸，径粗不过五六分，每枝分两三节。清明前，先将隔年旧种从碗中倾出，选取饱满藕枝，另准备一只造型优美的瓷碗或合适的盂钵，底部放入寸余厚河泥或田土，上面散放少许毛发和几粒黄豆，搅拌泥中；再覆盖一层碎泥，把选好的清藕枝放在上面，覆土培没，灌少许清水，待其湿润后，置阳光下曝晒，数日后泥土表面龟裂，此时，如见藕尖新叶破土而出，即灌满清水。保持碗中清水盈满，一般经过月余，就能长出六七片至十多片荷叶，大如壶盖。

　　农历六月中旬，靠近肥壮荷梗傍，就有花蕾自土中出，逐步上升，不多日，绯红莲花细茎高擎，移置室内，堪作案头赏玩。明净瓷碗之中，耸立着翠盖红裳，清香扑鼻，诚为消暑良伴。碗莲品种，其一为绯红色，另一为淡绿色，绝大多数一茎一花，但偶尔也有花开并蒂的。碗莲比较珍贵稀少，不易多得，育时可用莲子培养。其法：首先把莲子尖头微微磨破，头朝泥中倒置插入，以不露出莲子为度，然后稍灌一层清水。待到纵卷荷叶冒出泥面时，方加满清水。不过这种盆玩当年无花。

碗莲也可栽植于长形浅水盆中，待叶茂后，稍加整修，使得叶丛疏密有序，中间安放一只佛山或宜兴的笠帽人物、小船或几只陶质游鸭，迎着习习荷风，荡漾于翠叶飘摇间，构成一派夏日风光，颇有唐朝杜甫诗中"棹拂荷珠碎却圆"的荷塘意境。

（二）姬睡莲亦是一种小型盆玩佳品，属睡莲科之睡莲属，多年生宿根草本。此种相传为宋朝遗物。它的莲叶比一般睡莲为小，直径仅寸余，基部缺刻甚深，边缘略呈波状，飘浮水面，能随水位高低而升降。自五月底起，从根块处生发出形花生米般花蕾。四五天后，上升水面，花瓣为淡黄绿色。每当上午九时左右盛开蜜黄色小睡莲，花瓣多达二十多瓣，花中满缀黄色雄蕊，浮水荡漾，及至落日偏西时，花瓣才收合，此般昼开夜合，能持续两天，此起彼落，一直到十月上旬。它的栽培管理比碗莲简单、容易得多，更因其生花期长，深受园艺爱好者喜爱。每当清明时节，就可把容器移放露天，略浇些稀薄腐熟肥料（一般口径不大的容器，有三五调匙即可）。见到纵卷嫩叶透出泥面半寸余时，就可灌满清水。如要繁殖，可从老棵中分出几丛宿根，放在事先准备好的容器中（先在钵底放一两寸田泥或干河泥），然后再盖寸余泥土，但必须留有一段蓄水空间，以便使莲叶飘浮水面。它性喜充足阳光，日照时间越早越长，生发花蕾愈多。

这种花、叶俱小的姬睡莲，由于所需容器小，极适宜于高层大厦阳台上玩植。又可把它栽植于浅长或扁圆形水盆中，蜜色小莲杂缀碧色浮叶之间，微风吹来，花叶浮晃，淡雅宜人，确为暑夏点缀佳品。如置一两只陶质彩釉小青蛙蹲伏浮叶上，水中放养几条小金鱼悠游其间，就构成水乡莲塘图面的盆玩佳品了。

当外界气温降及七八度时，就须将容器内积水倒尽，搬回室内防冻。自冬令至翌春储藏期间，泥层不能过干，否则春季不易透发新叶。

根盘叶茂看愈好——**菖蒲**

　　菖蒲盆玩，早自宋代就广为流传了。如苏轼诗"烂斑碎石养菖蒲，一勺清泉半石盂"，陆游诗"今日溪头慰心处，自寻白石养菖蒲"，类此诗文，屡见不鲜。

　　菖蒲属天南星科，为多年生宿根草本。古籍记载："菖蒲凡五种，生于池泽，蒲叶肥根，高二三尺者，泥菖蒲也，名白蒲；生于溪涧，蒲叶瘦，高二三尺者，水蒲也，名溪荪；生于水石之间，叶有剑脊，瘦根密节，高尺余者，石菖蒲也；人家以砂栽之，一年至春愈剪愈细，高四五寸，叶如韭，根匙柄者，亦石菖蒲也，甚则根长二三分，叶长一寸许，谓之钱蒲也。"

　　菖蒲，无论以泥、砂、石、水栽都可以。白蒲、水蒲的叶片虽然长阔，但经不断修剪、压缩，能抑成尺余小卉，放置浅水盆中。配上几块皱瘦剔透英石、湖石之类，令冉冉蒲叶，偎依灵石，呈现出泉清石瘦、碧枝纤长的景色，虽夏日炎炎，亦大有六月无盛暑之感。而石菖蒲、钱蒲，由于它们叶丛短矮细小，人们都喜爱作为小品，置之案头赏玩，经久仍苍翠依然。近代又培育出叶色带黄的"黄金"，叶上镶嵌粗细乳白色条纹的"淀之雪",叶缘镶白边的"正宗",叶丛更细短的"天鹅绒"钱蒲,等等。

菖蒲性喜阴凉、润湿。作为盆玩培养,不宜施肥,否则叶片肥大且长,不堪雅观。如盆栽,应选疏松砂质土壤栽种,或以水盘养殖,可用细碎石粒拥根,或寄植在有吸水性的玲珑拳石之上。年深日久,则愈生愈密,入夏后经多次剪短叶丛,叶片渐趋短细,尤其钱蒲类,衍生繁密,墩墩罗列,细碧洁净,分外逸致。水栽,蓄水宜浅不宜深,叶尖尤其不应触入水中,否则容易焦黄。日常勤添薄水,保持湿润即可。

另有一种趣玩,先将棕皮卷束,逐层嵌入根部洗净的薄片石菖蒲,盘旋成垒,放置在形状优美的浅水盆盂之中,层层叠叠,细叶密攒,苍翠可爱,别具风姿。亦可选择一块形状奇特或略呈峰峦状的木炭,在有凹穴之处,嵌入几丛石菖蒲或钱蒲,经常喷洒清水,经月余扎根后,放置狭长或腰圆形浅薄水盆中,宛若奇峰清漪,翠叶蒙茸,自成妙趣。

菖蒲繁殖,最宜在芒种至梅雨期间进行,或分根,或将其匍匐而延蔓根茎,剪成细段分栽。每到深秋,即应把盆养石菖蒲、钱蒲等搬进室内养护。隆冬季节,切勿让它受冻,可用玻璃器皿罩住,由于湿度稳定,温差小,即使在大雪纷飞的严寒季节,仍能苍翠迎人,生机盎然。及至来年春分后，方能移置室外阴凉处培养。如遇春雨绵绵，还须移放避雨透风处，日常应注意修除黄叶，保持叶丛苍碧。入夏后，更要避免烈日和熏风吹炙，或遮密帘，或移置阴凉多湿处，如此养护，可保四季苍翠。

翠叶素苞富清趣——**丝兰**

中秋时节，风清气爽。丝兰即从剑状叶丛中挺伸出高大花穗，缀满朵朵乳白色圆若银铃的花朵，亭亭玉立，秀姿动人。丝兰系龙舌兰科之丝兰属，为常绿灌木。

丝兰原产北美，我国长江流域一带和华北各地都有栽培。幼小时近于无茎，叶基部簇生。地栽每叶可长达十三至七十五厘米，叶面微覆白粉。生性强健，耐寒，不畏干湿，除作为庭园花坛中栽培观赏外，亦可盆栽。

盆栽时，可在早春、初秋时分割根际萌蘖，或挖出粗壮老根，更可把茎株切割成片、段状，先放在阴湿地方，让伤口稍愈后，养殖湿砂中，待滋生出幼嫩根系，茎上芽点萌发后，再放入盆水中养殖。盆中存水宜浅，间隔十多天须换水一次，以防止烂根死亡。

这种水养丝兰，可长期供养室内观赏，叶丛葱翠犹如碧玉，根桩屈曲，古雅多趣，倘配上形状优美的陶瓷水钵，极富静幽之美。

疑卷江湖入座来——芦苇

　　"手劚修芦着槛栽，使君公退几徘徊。想当风雨翻丛急，疑卷江湖入座来。"这是诗人向往芦荡景色，将其移栽庭前，聊作寓情赏玩所作的咏诵佳句。不过，把高长硕大的芦苇列作盆栽品种，未免令人感到惊奇。原来，芦苇经过人们不断驯养、改良，可以培育成竿矮仅数寸至尺余的些些小苇，故可移作案头清供。

　　芦苇系禾本科，多年生草本，短小的又叫荻。小芦苇是园艺变种，竿丛细矮。品种有芦叶上镶嵌乳黄色粗细条纹的花叶苇，又有叶色全绿，经霜后叶缘变红晕的红苇等。日常栽植于浅水盆中。清明前后萌发芦笋，逐日抽长成丛。宜养殖在阴凉环境中，叶片苍翠，随风摇曳。炎夏季节，显得芦叶梢梢夏景深；秋风一起，又换成一番芦叶舞秋声的景象；临月凝赏，有满眼碧水荡秋月的诗情画意。

　　繁殖，一年四季几乎都可分栽，分株时如能带垛移植，则更易于成活。

　　在装置小品盆栽时，疏密都可，各具风姿；但疏植更易显示出扶疏幽景。最好偏植盆一端，让竿丛高低参差，愈向另一端尽头，则竿丛愈矮，形成芦滩逶迤之势，环水竖立盆中。亦可在浅滩上敷设铅、瓷质白鹭或野雁一二，或俯首啄食，或兀立凝望，或振翅欲飞状。另在盆侧正面贴上"秋声宿鹭""芦苇声多雁满坡"等题笺，更能引人浮想，神游其间。

病虫害，除偶有黑色蚜虫群集嫩叶为害外，极少发现其他病害。

入冬后，搬进室内越冬，盆中只需略存一薄层清水或保持泥垛湿润即可。清明前，见芦笋微透，搬去露天，放足水层（一般蓄水只要超出泥层一厘米）。不宜施肥，否则芦竿将变得粗而高，有损潇洒风姿。

凌波仙子——水仙花

水仙为我国传统名花之一，早自唐代就开始养殖了。它的叶似翠带，花如素裳，颇具诗情画意，历代诗文绘画都对之倍加赞赏。明朝李东阳题水仙诗中曾写道："澹墨轻和玉露香，水中仙子素衣裳；风鬟雾鬓无缠束，不是人间富贵妆。"对水仙花的洁雅秀姿和沁人温馨，描绘得惟妙惟肖。

水仙是石蒜科之水仙属，系多年生草本植物，古名雅蒜，别称天葱。种类很多，包括园艺变种在内，可达千余种。我国水仙主要盛产在福建的漳州和上海的崇明，前者花朵肥大，花茎高出叶丛，香味浓重，后者花小茎短，叶丛容易倒伏。花分两大品系：单瓣种称为"金盏银台"，另一种纯白色的称为"银盏玉台"，比较罕见；复瓣种称为"玉玲珑"。余如"漏斗水仙""红口水仙""橙黄水仙""螺旋水仙"等品种皆是引自国外，虽绚丽多彩，但都不及我国的水仙那么芬芳、幽雅。

水仙习性好阳。多以水培法养殖，每隔三五天应换以清水，否则容易发臭，导致根须腐烂，影响花叶健旺。水盆养殖时，以单鳞茎花球或把几个鳞茎削接（用细竹签拼接）起

来，养殖在彩色瓷、釉水盆中。可用彩色雨花石卵或用细碎
白石子壅住根系，不使倾倒；或添敷丘壑灵石，构成盆景；
或把鳞茎削掉半侧，削面一端朝上，浸入水容器中，薄水
淹没。每日多晒阳光，夜间温度保持在10℃左右，经三四天
后，削面处有黏液自伤口处流出，应随时抹去，不多日，叶
芽逐渐仰生而卷曲，形似蟹爪，鳞片又自动膨大裂开，这就
是市上俗称蟹爪水仙者。另可选择充实鳞茎，按照自己的艺
术构想，精心雕刻、攀扎，能做种种奇特的造型。如把主茎
两侧附有小茎的叶束互相串连成花篮式，主茎上花芽或直生
或抑成盘曲横生，散披其中；亦可切除部分鳞片，再把叶芽
抑压卷曲，稍微切刻花芽局部，花、叶伸展后，形象百出、
姿态万千，都能构成艺术盆景中的上乘妙品。

　　选择水仙鳞茎时，必须拣外形丰盈充实、放在手中较有
分量、皮色光亮的，否则，不是光长叶片，就是花葶瘦弱。
凡是刚冒叶芽的鳞茎，应先养殖在室温能保持在10℃左右的
砻糠灰中，经常喷洒清水，保持一定湿度。如只受单向偏斜
日照，其后叶丛不能纷披，往往偏生一边，影响花、叶之整
体美观。

　　另有一种俗称为洋水仙。其原名称风信子，按其花期、
形体都近似我国的水仙，但应属百合科之风信子属，为多年
生草本。原产南欧和小亚细亚等地。花色甚多，除墨黑之

外，几乎各种单色全有。花瓣有四裂和六裂之分，形似钟鼎，簇聚花茎先端，花味有一股酒糟般异味，远不及我国水仙花的秀姿神韵，清香幽雅。此种，除用水盆养殖外，亦可地栽，但土壤以砂质为好，培育地宜高燥，如黏性过重，鳞茎非但生长不良，且易萎缩。地栽后，可望年年生花。

各种盆钵参考样式

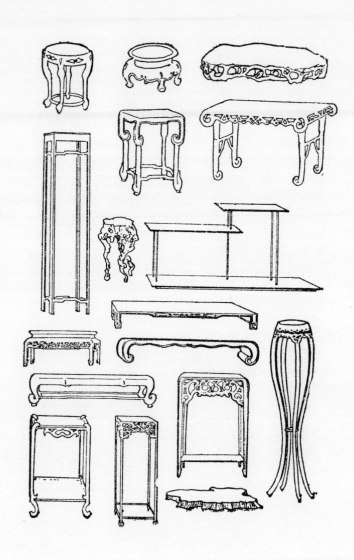

出版后记

　　盆栽艺术是我国独特的一门园林艺术，历史悠久，可追溯到一千八九百年前的东汉。本书主要介绍的微型盆栽是小型盆栽中的另一支流，为当今国际上盛行的盆栽流派之一。据考证，它始于我国唐代。1972年在陕西乾陵发掘出土的唐代章怀太子墓的甬道壁画上，有两个仕女手持盆栽，这就是我国古代掌上盆栽的雏形。掌上盆栽经过近几年来的创新，又发展为精细入微的指上盆栽。由于它的体积微小，造型夸张，线条简练，又充分体现了艺术盆栽的美，点缀室内，更富诗情画意，极具风趣，很适合在窗沿、阳台角隅玩植。

　　本书介绍了六十余种微型盆栽的品种分类、艺术特点、扦插造型方法、病虫害防治等等，希望对读者了解我国微型盆栽艺术以及在盆栽种植方面有所受益。本书作者系沈荫椿先生，沈先生1934年出生于园艺世家，课余跟随父亲学习园艺。他的父亲沈渊如先生是艺兰专家，被称为"江南兰王"，曾两次受到朱德同志接见，并互赠兰花。在父亲的言传身教以及自身长年累月的实践中，沈荫椿渐渐成长为一名园艺专家，在继承其父栽培、管理、造型等技艺的基础上，又有了进一步发展。20世纪50年代起，沈氏先后在《文化与生活》《新华日报》《常州报》《无锡报》上刊载微型盆栽介绍性文字，并于1981年集结为《微型盆栽艺术》并出版，其后陆续出版了《杜鹃花》《兰花》等专著。沈荫椿先生1984年定居美国，他钻研花木，融贯中西，遍寻名品，1992年在美国与郭志娴、沈坚白合作出版了《中国盆栽和盆景艺术》（The Chinese Art of Bonsai & Potted Landscpes）。

鉴于该书对于微型盆栽艺术学习的重要价值，故而我们此次修订重版是书，希望对爱好花木的读者有所裨益。

艺文类聚金石书画馆

2017年5月

图书在版编目（CIP）数据

微型盆栽艺术 / 沈荫椿著. — 杭州：浙江人民美术出版社，2017.6
ISBN 978-7-5340-5805-9

Ⅰ．①微… Ⅱ．①沈… Ⅲ．①盆栽－观赏园艺 Ⅳ.①S68

中国版本图书馆CIP数据核字(2017)第080790号

微型盆栽艺术

沈荫椿　著

责任编辑　屈笃仕　傅笛扬
责任校对　余雅汝
整体设计　傅笛扬
责任印制　陈柏荣

出版发行　浙江人民美术出版社
　　　　　（杭州市体育场路347号）
网　　址　http://mss.zjcb.com
经　　销　全国各地新华书店
制　　版　浙江新华图文制作有限公司
印　　刷　浙江海虹彩色印务有限公司
版　　次　2017年6月第1版·第1次印刷
开　　本　787mm×1092mm　1/32
印　　张　5.25
字　　数　91千字
书　　号　ISBN 978-7-5340-5805-9
定　　价　45.00元